碳定价

国际进展
与中国方案

邢 丽 ◎ 著

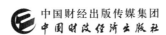
中国财经出版传媒集团
中国财政经济出版社
·北 京·

图书在版编目（CIP）数据

碳定价：国际进展与中国方案／邢丽著 . -- 北京：
中国财政经济出版社，2024.6. -- ISBN 978 - 7 - 5223
- 3300 - 7

Ⅰ. X511

中国国家版本馆 CIP 数据核字第 2024SZ6262 号

责任编辑：庄　莉　　　　　　责任印制：史大鹏
封面设计：陈宇琰　　　　　　责任校对：张　凡

碳定价：国际进展与中国方案

TANDINGJIA：GUOJI JINZHAN YU ZHONGGUO FANGAN

中国财政经济出版社 出版

URL：http：//www. cfeph. cn

E - mail：cfeph@ cfeph. cn

（版权所有　翻印必究）

社址：北京市海淀区阜成路甲 28 号　邮政编码：100142

营销中心电话：010 - 88191522

天猫网店：中国财政经济出版社旗舰店

网址：https：//zgczjjcbs. tmall. com

中煤（北京）印务有限公司印刷　各地新华书店经销

成品尺寸：170mm×240mm　16 开　12 印张　143 000 字

2024 年 6 月第 1 版　2024 年 6 月北京第 1 次印刷

定价：68.00 元

ISBN 978 - 7 - 5223 - 3300 - 7

（图书出现印装问题，本社负责调换，电话：010 - 88190548）

本社图书质量投诉电话：010 - 88190744

打击盗版举报热线：010 - 88191661　QQ：2242791300

前言

随着工业化和人类活动的增加，大量的温室气体排放导致地球的气候系统发生变化。这种变化对地球上的生态系统、经济和社会产生了广泛而深远的影响，具有全球性公共风险属性。气候问题越来越成为各国的关注焦点，已经成为全球议题。气候议题也逐步脱离《联合国气候变化框架公约》（UNFCCC）主渠道，越来越频繁地出现在 G20 等国际财金渠道上，对相关国际治理规则的探讨也在不断加深。

国际社会逐渐认识到，以国际气候制度作为应对气候变化的主流机制以约束和规范各国的碳排放行为是应对气候变化全球公共风险的重要路径。在各种减缓气候变化的政策工具中，碳定价机制被认为是最有效的经济手段之一，越来越被国际社会所认识并推广。截至 2023 年 4 月，全球共有 73 个以碳税或者碳排放权交易体系（ETS）为主的显性碳定价机制，覆盖了约 23% 的温室气体排放量。那么，如何正确认识碳定价机制的作用机理、碳定价机制的国际进展及对中国的影响？为实现"碳达峰碳中和"目标，中国应该选择怎样的碳定价方案？这些都是应对气候变化过程中不可回避的问题。

世界银行将碳定价机制分为显性碳定价机制、隐性碳定价机制和负向碳定价机制三个类型，其中显性碳定价和隐性碳定价机制也被称为正向碳定价机制。本书据此分类展开研究，共分为七章：第一章是气候变化与碳定价机制，主要介绍了气候变化问题的产生及影响，应对气候变化的战略、路径及工具选择，并详细分析了作为应对气候变化最为有效的经济手段之一的碳定价机制的内涵、逻辑框架及作用机理。第二章是显性碳定价机制的比较选择，主要介绍碳税、碳排放交易机制和碳信用机制的概念，并对三者的理论依据、作用机理及效果进行分析。第三章是显性碳定价机制的国际实践进展，按照国别分析了碳税、碳排放交易机制和碳信用机制的运行情况，总结了国际经验及其对中国的启示。第四章是隐性碳定价的评估方法与展望，对隐性碳定价的演进脉络、核心要素与评估方法、应用难点及应用价值进行了全面分析，并对未来进行了展望。第五章是对碳边境调节机制（CBAM）的实践进展的介绍，着重分析了其形成背景、实践典型及对中国的影响，并提出了中国的应对措施。第六章是气候变化的全球包容性框架辨析及中国应对，从全球视角看碳定价机制的进展，针对国际社会提出的全球行动的三个包容性框架的合理性、未来可能的影响以及中国的应对策略进行了全面分析。第七章是碳定价机制的中国实践分析与方案选择，具体包括中国应对气候变化的国家战略与碳定价机制的形成，中国碳交易市场的发展与成效以及中国涉碳税收政策，并就中国碳定价机制优化思路与方案选择提出相应的建议。

国际上，碳定价机制理论研究和实践探索快速发展，并逐步摆脱《联合国气候变化框架公约》主渠道"另辟蹊径"构建新的国际规则，以期控制全球气候治理话语权。中国目前的碳定价机制的研究和实践都处在起步阶段，本书旨在聚焦这个领域，在典型国家实践分析的基础上，提供一些个人的看法。研究仍显粗糙，不当之处，欢迎大家批评指正。

目录

第一章
气候变化与碳定价机制

一、气候变化已成为全球性议题

二、气候变化具有全球公共风险属性

三、应对气候变化的战略与路径选择

四、应对气候变化的有效工具——碳定价机制

一、气候变化已成为全球性议题

　　人类对气候变化的认识经历了一个由静态到动态、由稳定到突变的过程，人类活动是否是全球变暖的元凶？全球变暖是否会带来毁灭性的后果？甚至全球变暖是不是一个伪命题？这些问题都经历了长时间的讨论和争论。然而，从极地冰川的消融到极端气候事件的频发，从物种灭绝的加速到资源枯竭的威胁，地球的快速变化似乎正以前所未有的速度向我们发出警示，人类必须正视气候变化带来的后果。气候变化是全球性的危机，与每一个国家、每一个个体都密切相关，需要大家承担起应有的责任，积极采取行动。

　　联合国政府间气候变化专门委员会（IPCC）为应对全球气候变暖而生，旨在评估相关科学、技术和社会经济等方面的信息，以了解气候变化及其潜在影响并提出缓解方案。IPCC 在 1990 年、1995 年、2002 年、2007 年、2014 年和 2023 年相继完成了六份全球气候评估报告。这些报告均指出人类活动是造成全球气候变化的主要原因，而且佐证这一结论的证据越来越充分。从近二十年的报告看，《气候变化 2007》（Climate Change 2007）集全球数千科学家的观测和思考，从成因、程度、变化趋势、对人类社会以及自然的影响、应对措施等方面分析全球气候变化问题，形成了一个具有权威性的共识。在该报告的第一卷《气候变化2007：科学基础》（Climate Change 2007：The Physical Science Basis）的《决策者摘要》（Summary for Policymakers）中，科学家们达成如下重要共识：由于人类活动，自19世纪中期工业革命以来，化石燃料消费量剧增，这种趋势将可能带来灾难性的全球变暖，人类无节制地使用化石能源是气候变化的重要原因，所引起的升温对全世界带来巨大威胁。《气候变化2014》（Climate Change 2014）指出人类对气候系统的影响是明确的，而且这种影响在不断增强，大气和海洋已经升温，雪量和冰量出现下降，海平面已经上升，在世界各个大洲都已观测到种种影响。同时，报告指出若忽视气候变化问题，将对人类和生态系统带来不可逆的影响。《气候变化2023》（Climate Change 2023）同样指出人类活动主要通过温室气体排放推动气候变暖，2011—2020年与1950—1990年相比，全球表面温度上升1.1摄氏度。温室气体水平、地表温度、海平面以及冰量等都再次被打破纪录。报告还指出，气候变化正在削弱最脆弱人群的复原能力，由此引发的流离失所问题越发严重。若不行动起来应对气候问题，付出的代价将远高于积极付诸行动的成本。

近年来，全球极端天气呈发生数量大、影响区域广、极端性增强、屡创历史纪录、无前兆突发性事件增多的趋势。根据联合国减灾署发布的《灾害造成的人类损失2000—2019》报告，过去20年气候灾害大幅度增加，与更早前的20年相比，高温事件增加了232%，洪涝事件增加了134%，风暴事件增加了97%，山火事件增加了46%，干旱事件增加了29%。这些事件不仅给人类社会造成了巨大的破坏，也对生态系统和生物多样性造成了严重威胁。近期，北半球正在进入暖季，极端天气也随之增多。我国北方刚刚经历了一轮沙尘天气的侵袭。同期，美国从得克萨斯州到南卡罗来纳州有超过 3000 万人面临严重冰雹、强风、暴雨和龙卷风等极端天气的威胁。南苏丹出现极端高温天气，已造成 15 名儿童中暑死亡，当地被迫关闭所有学校。南美洲玻利维亚强降雨引发洪水、山体滑坡、泥石流等灾害。南美洲乌拉圭西南及沿海地区，6 天内降雨量超过 300 毫米，相当于正常 3 个月的降雨量，造成多地出现洪涝灾害。这些事件不仅影响了社会的正常运行，破坏了农作物生长和水资源储备，还会摧毁家园和基础设施，影响粮食安全，进而加剧地区紧张和矛盾，是地区冲突的导火索。《减少灾害风险全球评估报告 2023》（GAR 2023）指出，气候变化强化了灾害事件的恶劣后果，并与冲突、流行病或通货膨胀等相结合，形成具有复合性的多重危机。

进入 21 世纪，国际社会对于气候的关注点从人与气候的关系，转向气候危机的应对与行动。例如，21 世纪初世界气象日的主题为"天气、气候和水的志愿者"（2001 年）、"降低对天气和气候极端事件的脆弱性"（2002 年）、"关注我们未来的气候"（2003 年）、"信息时代的天气、气候和水"（2004 年），近期为"直面更热、更旱、更涝的未来"（2016 年）、"早预警、早行动"（2022 年）、"气候行动最前线"（2024 年）。气候变化已经成为全球性议题。

二、气候变化具有全球公共风险属性

全球性风险有两个特征：一是世界上每一个人都可能受到它们的冲击和影响；二是应对和解决它们需要在全球共同努力。可以说，气候变化问题自产生时就具有全球性风险特征。

早在 2009 年的达沃斯年会前夕,世界经济论坛等 5 家机构在伦敦发布了《全球风险报告》,报告中将气候变暖导致粮食和健康受威胁同政府财政状况恶化、中国经济放缓一起并列为如今世界面临的三大风险。到 2024 年,最新的《全球风险报告》更加强调气候变化带来的影响,报告指出各国为应对气候变化所做的努力和所能调集的资源已经无法适应当前气候相关事件的类型、规模和强度。气候变化将带来灾难后果,其全球性公共风险的特征已经越来越为人们所重视。

(一) 生态灾难

IPCC 已经连续多次发布关于全球气候变化的报告,提示气候变化所带来的生态风险。《气候变化 2023》明确指出,毋庸置疑,人类活动所排放的温室气体是全球变暖的原因,大气、海洋、冰冻圈和生物圈都发生了广泛而迅速的变化,导致人类和自然系统不断发生损失和损害。随着全球气温变暖,陆地极端热、强降水、农业和生态干旱等现象将频繁出现。这些生态灾难具有全球化、公共化的特点。

(二) 经济灾难

由世界银行前首席经济学家尼古拉斯·斯特恩(Nicolas Stern)主持完成的著名的《斯特恩气候经济学评论》第一次以美元为单位对全球变暖的影响进行了评估。这份报告强调了积极应对气候变化的重要意义,认为消极的行动将使得全球变暖所带来的经济社会危机进一步放大,甚至堪比世界大战以及 20 世纪前半叶的经济大萧条。根据大致估算,届时全球 GDP 将损失 5%—20%。清华大学关大博教授等人在《Nature》上发表的《Global supply chains amplify economic costs of future extreme heat risk》一文表明，到 2060 年，气温上升将成为经济损失的重要原因。气温上升将带来人的健康损失、劳动生产力损失以及其他间接损失，由此带来的全球经济损失经估算最高可达 24.70 万亿美元（2023 年美国的 GDP 规模是 27.37 万亿美元）。

（三）社会灾难和分配不公

气候变化带来的风险将使人类发展中的不平等问题加重。气候变化带来了一个重要的问题：其所带来的风险正在递增，不同国家和不同人群应对这种风险的弹性和能力各不相同，适应能力也存在着差异，本已贫弱不堪的国家尤其要遭受越来越多的风险。联合国开发计划署（UNDP）早在《应对气候变化：分化世界中的人类团结》（2007/2008 人类发展报告）就指出，对于人类发展指数（HDI）分类中低人类发展水平的国家而言，气候风险稍有增加就可能导致大规模的脆弱性[①]。在多数发展中国家（包括中等人类发展水平类别的国家），与气候相关的脆弱性、贫穷与人类发展之间的相互作用是双向的。贫穷人口通常营养不良，一定程度上讲，这是因为他们生活在经常发生干旱和生产力水平低下的地区；反过来，他们易受气候风险的影响，因为他们贫穷且营养不良。在有些情况下，这种脆弱性与气候灾害侵袭直接相关。2024 年发布的《全球风险报告》指出，全球南方国家首当其冲地受到气候变化、大流行病时代危机的影响以及大国之

---

① 根据 UNDP《应对气候变化：分化世界中的人类团结》（2007/2008 人类发展报告），脆弱性不同于风险。该词源于拉丁文动词"伤害"一词。风险是指遭受的外部危险，人们对此危险的控制力有限，而脆弱性是衡量人类在不对未来福祉造成长期、可能不可逆转损失的前提下，应付这类危险的能力。从广义上讲，脆弱性可以简单的说成"人们必须警惕的不安全和潜在危害——可能发生并'招致毁灭'的严重事情"。

间地缘经济裂痕的影响，这个历史上差异悬殊的国家集团内部日益增强的结盟和政治联盟可能会越来越多地影响安全动态，加剧不公平。

（四）国家安全

气候变化所带来的风险不仅存在于经济领域，还会对国家安全产生调整。根据欧盟的一份报告指出，气候变化所带来的威胁可以归为资源引发的冲突、沿海城市及基础设施面临威胁、领土损失和边界争端、环境引发的移民、社会逐渐衰落与激进行为日益盛行、能源供应紧张、国际监管压力加大七种。如果不抓紧采取行动，世界各国要付出的国防和安全成本以及与气候相关的冲突成本将远远大于减排成本①。

国际社会对气候变化问题的认识也在进一步扩展和深化。例如，美国一直非常重视气候变化对国家安全的影响，在各类行动中非常重视气象因素，尤其是极端天气的影响，并采取一系列措施提前布局、加以应对。多年来，美国国防部等相关部门从不同的角度就气候变化对美国安全的影响进行大量的研究，并取得了很多的成果。2021年1月，美国国防部为响应总统拜登签署的一系列应对气候变化的行政令，将气候变化风险纳入军事仿真与兵棋推演当中，评估气候变化对其全球军事行动带来的影响。同时，在情报机构等的支持下，美国国防部制定了《气候变化适应路线图》。大量研究论证了气候变化对国家安全的影响，也为美国未来全球气候战略提供了依据。不仅美国，其他国家也如是，气候变化"安全化"趋势日渐明显。

---

① 胡鞍钢，管清友.中国应对全球气候变化 [M].北京：清华大学出版社，2010.

三、应对气候变化的战略与路径选择

（一）战略选择：应对气候变化需要集体行动

气候变化具有全球公共风险的属性，即"平等性"，通俗地说，就是地球大气层并不区分温室气体来自哪个国家，来自中国的温室气体对任何一国都有相同影响——一个国家的排放量就是另外一个国家的气候变化问题。在这个相互依存的世界中，气候变化的影响跨越国界是不可避免的。无论是发达国家还是发展中国家，都不能幸免。气候变化可能引起的人道主义灾害、生态破坏和经济混乱的规模，比现在所能预见的要大得多。因此，任何一个国家单枪匹马都无法赢得抗击气候变化的胜利。全球公共风险属性，决定了在应对气候变化的战略选择上必须坚持集体行动，全球治理。少数国家采取的措施都于事无补，还会引起其他国家的"搭便车"。在应对气候变化的过程中，集体行动不再是可有可无，而是必须选择。

（二）路径选择：建立应对气候变化的国际制度

国际社会逐渐认识到，国际制度是共同努力应对全球气候变化公共风险的重要路径。气候变化问题有一个独特的特点，即每一个国家既可以是全球气候变暖的污染源，也可能是受害者，而更多的则是两者兼有。因此，以国际气候制度作为国际社会应对气候变化的主流机制，约束和规范各国的碳排放行为是应对气候变化全球公共风险的重要路径。

国际气候制度是国际环境制度的一个组成部分，国际环境制度从构成要素来看，主要包括承担组织协调职能的国际环境组织与机构，反映国际共识的决议、宣言、公约、国际环境法及开展协商的国际论坛，为可持续发展提供融资渠道的资金机制，以及其他制度构建中与环境相关的规则和法律条款等。① 其中，由各种国际环境决议、宣言、公约及国际环境法等构成了软件系统，国际环境保护组织与机构构成硬件系统，软件系统和硬件系统共同构成国际环境制度的综合体系。随着人类对气候问题的全球公共风险属性认知逐步深入，国际气候制度的发展在国际环境制度发展中占据重要地位。开展国际谈判、制定国际公约、为应对气候变化筹集全球资金等都构成国际气候制度的重要组成部分。

　　20 世纪 90 年代以来，有关气候变化的国际公约和重要的国际文件陆续出台，为应对全球气候变化风险提供了政治框架和法律制度，也为各国制定应对气候变化战略与行动指明了方向（见表 1 - 1）。1992 年，联合国环境与发展大会通过了《联合国气候变化框架公约》（以下简称《公约》），这是世界上第一个关于控制温室气体排放、遏制全球变暖的国际公约。《公约》按"共同但有区别的责任"原则，将不同国家划分为承担限制和减少温室气体排放义务的附件一国家缔约方（包括发达国家和经济转型国家）以及没有温室气体减排和限排义务的非附件一国家（主要是发展中国家）。

　　1997 年《公约》第 3 次缔约方大会取得重大突破，缔约方在日本京都通过了《京都议定书》。《京都议定书》包含三个方面的主要内容：一是针对主要发达国家减排的时间表及具体计划；二是减排温室气体的种类；三是规定了发达国家可以使用清

————————
　　①　陈迎. 国际环境制度的发展与改革［J］. 世界经济与政治，2004
（04）.

洁发展机制、联合履行和排放贸易三种灵活履约机制。

2007 年 12 月 16 日，《公约》第 13 次缔约方大会在巴厘岛举行，确定了"巴厘岛路线图"，缔约方就《京都议定书》2012 年到期后温室气体新减排方案进行国际谈判，并明确规定了谈判在 2009 年底之前完成。这一路线图确认的主要内容包括：为适应气候变化所应采取的措施、减少温室气体的排放、推广有利于减少气候变暖的新科技以及为减缓和适应气候变化提供更多资金支持等。根据"巴厘岛路线图"达成的协议，2012 年以后发展中国家也要在可持续发展的前提下采取对国家合适的减排行动，同时这种行动要以可测量、可报告、可核实的方式提供技术、资金和能力建设方面的支持，首次明确提出了发展中国家的责任。

2009 年 12 月 7 日至 12 月 19 日，《公约》第 15 次缔约方会议和《京都议定书》第 5 次缔约方会议在丹麦哥本哈根举行，这次被称为二战后全球最重要的会议在延期一天后最终艰难地达成了无法律约束力的《哥本哈根协议》（以下简称《协议》）。《协议》未对 2050 年之前的降低温室气体排放目标作出具体规定。不过，在资金方面，《协议》规定发达国家在 2010 年至 2012 年向发展中国家提供 300 亿美元；在 2020 年前，富裕国家每年共同为贫穷国家筹集 1000 亿美元的资金。同时，各国均在《协议》中认同，要保持全球平均温度较前工业化时代的升幅不超过 2 摄氏度。哥本哈根会议的难产很好地诠释了全球气候变化问题已经演变成一场不同国家之间的政治博弈现象。"碳政治""碳战"等新名词不断出现，这意味着未来的国际气候合作将不再是一条坦途。

2015 年 11 月 30 日至 12 月 12 日，《公约》第 21 次缔约方大会在法国巴黎举行，包括中国在内的 150 多个国家（地区）领导人出席。此次会议最终达成《巴黎协定》，在应对气候变化的全球行动中具有标志性意义，会议对 2020 年应对气候变化国际机制作出安排。中国于 2016 年 4 月 22 日签署《巴黎协定》，并于 2016 年 9 月 3 日批准《巴黎协定》，11 月 4 日《巴黎协定》正式生效。

2018 年 12 月，《公约》第 24 次缔约方大会在波兰卡托维兹举行，对如何履行《巴黎协定》"国家自主贡献"及其减缓、适应、资金、技术、透明度、遵约机制、全球盘点等实施细节作出具体安排。

2019 年 12 月，《公约》第 25 次缔约方大会在西班牙马德里举办，主要是推动《巴黎协定》的相关规则落实，然而，此次会议的成果并不丰富，在会议之前的一个月，美国还退出了《巴黎协定》。

2021 年 11 月，《公约》第 26 次缔约方大会在英国格拉斯哥举办，大会就《巴黎协定》实施细则达成共识。

2023 年 11 月，《公约》第 28 次缔约方大会在阿联酋迪拜举办，近 200 个缔约方的代表就《巴黎协定》首次全球盘点达成共识。最终协议呼吁各国"以公正、有序、公平的方式减少能源系统对化石燃料的依赖，在这关键的 10 年加快行动，以便在 2050 年实现与科学相符的净零排放"。协议还呼吁在 2030 年前将全球可再生能源产能增加 2 倍，以及加快研发碳捕捉和碳储存等技术，以协助难以减排的产业实现目标。

表 1–1   应对气候变化问题的国际制度构建历程

年份	重要事件
1988	联合国环境规划署和世界气象组织成立政府间气候变化专门委员会（IPCC）
1990	联合国启动了气候公约谈判进程；IPCC 发布了第 1 次评估报告

续表

年份	重要事件
1992	1992 年 6 月在巴西里约热内卢举行的联合国环境与发展大会通过了《联合国气候变化框架公约》，《公约》于 1994 年 3 月生效，奠定了应对气候变化国际合作的法律基础。
1995	在柏林召开了《公约》第 1 次缔约方会议，强化附件一缔约方义务的新一轮谈判；IPCC 发布第 2 次评估报告
1997	在日本京都举行第 3 次缔约方大会，通过了《京都议定书》，对 2012 年前主要发达国家减排温室气体的种类、减排时间表和额度等作出了具体规定。
2001	美国总统布什宣布拒绝批准《京都议定书》；IPCC 发布第 3 次评估报告。
2005	《京都议定书》正式生效，截至 2023 年 10 月，共有 192 个缔约方
2007	在印度巴厘岛召开的《公约》第 13 次缔约方会议，通过了"巴厘岛路线图"；IPCC 发布第 4 次评估报告
2009	在丹麦哥本哈根召开《公约》第 15 次缔约方会议，达成了无法律约束力的《哥本哈根协议》。
2011	气候变化德班会议设立"强化行动德班平台特设工作组"，相关谈判需于 2015 年结束，谈判成果将自 2020 年起开始实施。
2015	《公约》第 21 次缔约方大会暨《议定书》第 11 次缔约方大会（气候变化巴黎大会）在法国巴黎举行，最终达成《巴黎协定》，对 2020 年后应对气候变化国际机制作出安排，标志着全球应对气候变化进入新阶段。
2018	《公约》第 24 次缔约方大会、《议定书》第 14 次缔约方大会暨《巴黎协定》第 1 次缔约方会议第 3 阶段会议在波兰卡托维兹举行，就如何履行《巴黎协定》的细节做出具体安排。
2023	《公约》第 28 次缔约方大会（COP28）在迪拜举行，就《巴黎协定》首次全球盘点达成共识。

四、应对气候变化的有效工具——碳定价机制

在各种减缓气候变化的政策工具中，碳定价被认为是最有效的经济手段，而且越来越被国际社会所认识并推广。

（一）碳定价机制的内涵

世界银行将碳定价定义为对温室气体（GHG）排放以每吨二氧化碳当量（tCO_2e）为单位给予明确定价的机制。简而言之，碳定价机制旨在通过为温室气体排放（主要是二氧化碳）设定价格，促进减排和改变排放者的行为模式的政策机制。这种机制可以通过多种形式实现。根据 OECD 等国际组织的研究，碳定价机制主要包括显性碳定价、隐性碳定价和负向碳定价（见图 1-1），其中显性碳定价和隐性碳定价为最常见的两种方式。

显性碳定价（Explicit Carbon Price）是指碳税和碳排放交易市场（以下简称"碳交易市场"）等通过碳含量或碳排放量直接为碳排放确定价格的定价手段。隐性碳定价（Implicit Carbon Price）是指除碳税和碳交易等之外其他为碳排放定价的政策，既包括能源消费税、清洁能源（技术）补贴等经济手段，也包括限制碳排放的行政命令手段，这些政策需要通过一定的方法换算出对碳排放的定价（等效碳价）。此外，还有一类包含化石能源补贴在内的负向碳价（Negative Carbon Price），是指对气候变化产生负面效果的政策。减少的单位碳排放成本为"显性碳价"加"隐性碳价"，再减去"负向碳价"，构成"净碳价格"（如图 1-1 所示）。

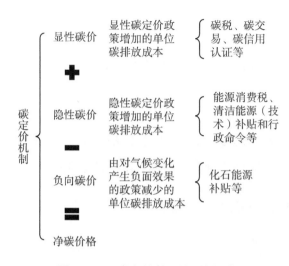

图 1 – 1　碳定价机制相关概念

（二）碳定价机制的主要形式

1. 显性碳定价机制

显性碳定价机制是指对温室气体排放以每吨二氧化碳当量（tCO_2e）为单位进行明确定价的机制。这种机制的目标是通过提高碳排放成本来降低排放主体的碳排放量，从而推动低碳技术、产品的创新和产业结构的转变。目前主流显性碳定价包括：碳税，即明确规定碳排放价格的各类型税收；碳交易市场，即设定排放限额并允许市场交易排放配额进行履约；碳信用机制，自愿进行减排的实体获得的减排认证；结果导向的气候金融，双方约定减排目标，投资方在项目完成时向项目方为减排量付款；内部碳价，企业内部分析气候风险时设定的碳价等。其中，碳税、碳交易和碳信用机制等三种方法较为常用。

显性碳定价机制的形成和完善对当前世界应对气候变化行动

产生巨大影响，包括改变经济版图、重塑地缘政治格局、推动节能和低碳技术的发展、促进低碳文化的形成以及影响人们的生活方式。

随着全球对气候变化问题的关注度不断提高，越来越多的国家和地区开始实施或规划显性碳定价机制。世界银行 2023 年发布的《碳定价机制发展现状与未来趋势报告》表明，截至 2023 年 4 月，全球各个国家或地区已经有共计 73 个以碳税或者碳交易市场为主的显性碳定价机制。这 73 个碳定价机制覆盖了约 23% 的温室气体排放量，较 2022 年同期增加不到 1% 左右。全球碳排放交易体系（以下简称"ETS"）和碳税的总收入延续既往不断增长的趋势，在 2022 年创下 950 亿美元的新高。其中，收入的主要来源仍然以 ETS 为主，这一部分占总收入的 69% 左右，碳税占 31% 左右。同时，欧盟等为解决"碳泄漏"问题，也提出了碳边境调节机制（CBAM）或碳关税的单边碳价调整提议，即碳价较高或不断上涨的国家或地区，对从无明确碳定价机制的国家和地区进口商品的碳含量征收关税，保护本国产品竞争力。2023 年 5 月 16 日，欧盟正式公布了 CBAM 法规。

2. 隐性碳定价机制

隐性碳定价（Implicit Carbon Prices）指除碳交易市场、碳税等显性碳定价政策以外的，由气候变化减缓政策而产生的单位减排成本，既包括能源消费税、清洁能源（技术）补贴等经济手段，也包括限制碳排放的行政手段，这些政策需要通过一定的方法换算出碳排放价格（即等效碳价）。隐性碳定价是相对于显性碳定价的概念，世界银行、OECD 和清华大学等国内外知名机构和院校均使用隐性碳定价概念开展过研究。

3. 负向碳价定价机制

负向碳定价机制主要是指对气候产生了负面效果的政策，如化石能源补贴降低了化石能源生产或消费的成本，从而形成了负碳价。

（三） 碳定价机制的作用机理

引入价格信号对于推动投资和改变行为以降低排放至关重要，各国乃至国际组织都对碳定价机制表示出极度关切。但正确发挥碳定价机制的作用，应了解定价的前提、基础以及局限性，才能使效应最大化。

1. 定价前提：气候变化的责任确认

碳定价机制是以定价方式引导排放主体减少温室气体排放，从而达到减缓气候变化的目的，不同于一般的市场定价行为，碳定价涉及气候变化的责任确认，必须以其作为定价的前提。任何脱离气候变化责任确认的定价，都是不科学、不负责任和不公平的。

气候变化责任的确认是应对气候变化问题的关键，一直以来，也是气候谈判中争议的焦点。气候变化与工业化进程密切相关，发达国家在工业化进程中排放的大量温室气体被认为是气候急剧变化的重要原因。《世界不平等报告》指出，世界范围内二氧化碳排放不平等严重：财富的前 10% 的排放者需要为所有排放量的近 50% 负责，而财富的后 50% 的排放者仅产生总排放量的 12%。这些不平等不仅仅在国家层面，在群体之间的不平等也十分明显，欧洲底层 50% 的人口每人每年排放约 5 吨；东亚底层 50% 的人口每人每年排放约 3 吨，北美底层 50% 的人口每人每年排放约 10 吨。这与这些地区前 10% 的人口的排放量形成鲜明对比（欧洲 29 吨，东亚 39 吨，北美 73 吨）。

作为最主要的温室气体的二氧化碳排放到大气后，少则 50 年长则 200 年不会消失，早在 1992 年，联合国制定的《联合国气候变化框架公约》就认识到这一问题，《公约》的核心内容就是"共同但有区别的责任"原则。一方面要求每个国家都要承担起应对气候变化的义务，另一方面强调"区别"，即发达国家要对其历史排放和当前的高人均排放负责，它们也拥有应对气候变化的资金和技术，而发展中国家仍在以"经济和社会发展及消除贫困为首要和压倒一切的优先事项"。根据这个原则，发达国家应该率先减排，并给发展中国家提供资金和技术支持；发展中国家在得到发达国家技术和资金支持下，采取措施减缓或适应气候变化。因此，《公约》明确规定，发达国家对于历史上的二氧化碳等温室气体的排放负有不可推卸的历史责任，并在《京都议定书》中进一步明确了各发达国家应当承担的具体减排指标和相关责任。

但事实上，发达国家和发展中国家围绕这一原则的争议很大。发达国家对发展中国家因坚持"共同但有区别的责任"原则没有就减排承担义务而不满。美国拒绝批准《京都议定书》的一个重要借口是中国和印度这样的排放大国没有承诺减排义务。

UNDP《2007/2008 人类发展报告》考察了二氧化碳排放的碳足迹，认为碳足迹深浅有助于确定减排和适应气候变化措施中平等和分配这两大问题。考察发现，发展中国家总的碳足迹正在加深，并呈现和发达国家趋同的趋势。这种总排放量的趋同趋势时常被作为要求发展中国家迅速减排的依据。但报告认为，这种观点忽视了某些重要因素，一个国家碳足迹的深浅与过去和现在能耗方式密切相关，碳足迹也反映出富裕国家所累积的沉重"碳债务"：富裕国家人口只占世界人口的15%，但二氧化碳排放量却占全球总量的45%。低收入国家人口占世界人口的三分之一，但二氧化碳排放量只占排放总量的7%。其中撒哈拉以南非洲的人口占世界人口的11%左右，但二氧化碳排放量只占全球排放总量的2%。报告认为碳足迹反映了富裕国家对地球大气的过度剥削，所以发达国家更应承担排放的历史责任。

下文从总量、人均量、历史累计量等方面对主要国家和地区的二氧化碳排放进行考察。图1-2和图1-3为二氧化碳排放量的数值及全球贡献比例，从图1-2可以看出，全球二氧化碳排放量仍在快速增长，似乎未有"达峰"，1840—1980年，世界二氧化碳排放总量曲线运动轨迹与高收入国家二氧化碳排放总量的运动轨迹几乎保持一致，在较早的时间段中甚至重合。

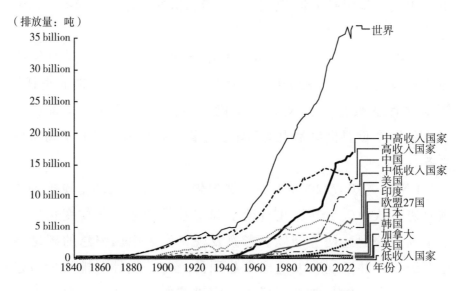

图1-2 主要国家（地区）二氧化碳排放量

数据来源：Global Carbon Budget（2023）.

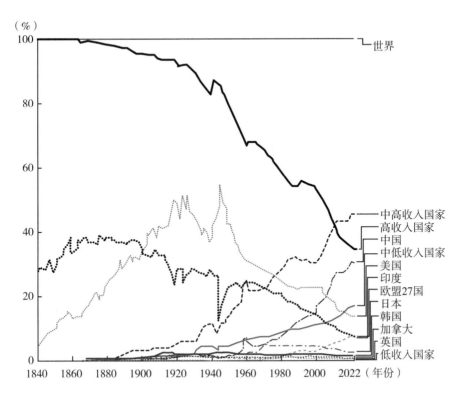

图 1 - 3　主要国家（地区）二氧化碳排放的全球贡献

数据来源：Global Carbon Budget（2023）.

图 1 - 4 为人均二氧化碳排放量的动态变化图，19 世纪 50 年代，西方国家进入工业革命时期，以美国、英国、加拿大、欧洲国家为主的发达国家人均二氧化碳排放量快速增长，日本、韩国等发达国家也紧随其后，进入人均排放快速增长期。截至 2022 年，美国（14.9 吨）、加拿大（14.2 吨）、韩国（11.6 吨）、日本（8.5 吨）的人均碳排放量仍排在世界前列，远超世界 4.7 吨的平均水平。与此同时，可以看到，高收入国家的人均二氧化碳排放量的运动轨迹与主要发达国家几乎一致，目前仍然在高水平运行。近 30 年内，包括中国在内的中收入国家人均二氧化碳排放量才进入快速增长期，但水平与发达国家仍有一定差距。

19

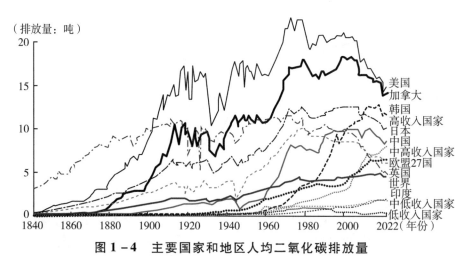

图 1-4　主要国家和地区人均二氧化碳排放量

数据来源：Global Carbon Budget（2023）；Population based on various sources（2023）.

从累计二氧化碳排放量（见图 1-5）看，高收入国家的累计排放量始终远超过中高收入国家、中低收入国家，其中，美国、欧盟 27 国的累计排放量处于全球首位，日本、英国也处于较高水平，而且增长态势均未放缓。中国的累计排放量从 2000 年开始才进入上升的快轨道，但与美国、欧盟等 27 国相比仍有一定差距。

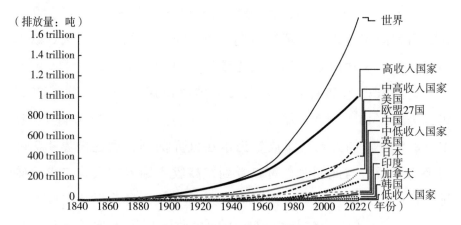

图 1-5　主要国家和地区累计二氧化碳排放量

数据来源：Global Carbon Budget（2023）.

基于上面多个维度的考察可以发现，无论是过去、现在抑或从增长态势看，发达国家都是二氧化碳排放的主要来源，尤其是对于美国、欧盟等国家（地区）而言。这些数据均佐证"发达国家对于历史上的二氧化碳等温室气体的排放负有不可推卸的历史责任"这一重要结论。而中国、印度等新兴市场经济体的各个指标确实在近二十年来快速增长，但毋庸置疑的是，诸如人均值、累计值等指标仍与发达国家有较大差距。另外，它们都仍在发展阶段，根据发达国家的历史经验，在发展阶段的二氧化碳排放量增加应为正常且合理的现象，而且，这些国家都正在为减排做出努力。

2. 定价基础与方法

碳排放是有实际成本的。核心问题在于测量由碳排放引起的污染并确定由此造成的环境损害，其中大部分仅与二氧化碳排放间接相关。不同的碳定价机制估算碳成本也存在着差异。碳价过高和过低都不好，碳价过低，将挫伤企业减排的积极性；碳价过高，也将导致一些高碳企业负担过重，合理的碳价才能够为碳减排企业提供有效的价格激励信号。目前全球大概有 73 个区域、国家或者地区实行显性碳定价机制，其中 36 个是碳交易市场，37 个是碳税制度，这些制度都是相对独立运行的，因此，一个碳交易市场就有一个碳价，这意味着全球碳价水平不可避免存在着地区差异。《碳定价机制发展现状与未来趋势报告》认为，为了实现全球变暖控制在 2℃ 以下这一目标，到 2030 年，碳价格需要达到每吨二氧化碳 50 美元至 100 美元，而目前大多数国家（地区）都达不到。

碳定价机制在不同市场之间或者不同国家之间如何衔接，是个复杂的问题。碳价高低的差异导致的"碳泄漏"问题，对减排效率与公平、经济成本乃至环境伦理与法律都具有重要的影响。随着"碳泄漏"等气候相关贸易问题在国际上引起越来越多的争议，不少国际组织开始关注对各个国家碳价政策和非碳价政策减排成效的盘点，以期对排放进行科学定价。

一是 IMF 的碳价当量。IMF 的经济学家提出研究碳价政策和非碳价政策的"等价性"，将"碳价当量"定义为非碳价政策与碳价政策产生相同减排效果的碳价。为了评估气候政策的减排成效，IMF 使用了与世界银行共同开发的气候政策评估工具（IMF – WB CPAT）。该工具是一套经济学模型，可用于评估单个或多个国家气候变化减缓政策的政策成效评估。目前，该工具覆盖了 170 个国家，通过搭建具体子行业模型和卫星模型对电力、工业、交通、建筑这四个行业的化石燃料使用量和二氧化碳排放量进行预测。为了使显性碳定价机制之外其他碳价格信号也能被计算出来，IMF 提出了"碳价当量"（Carbon Price Equivalent）的概念，即采用非显性碳价政策所带来的减排量相当于多少碳价。具体而言，"碳价当量"的气候政策评估包括三个步骤，第一步，建立一个基于现有政策的 2030 年基准情景，并计算碳排放量。第二步，模拟采用新政策对行业排放影响和整个经济体的排放影响，新情景与基准情景碳排放量的差值即为该政策带来的碳减排量。第三步，利用"碳价当量"模型，计算该项政策的行业碳减排量影响和经济体碳减排量影响，分别转化为行业碳价当量和经济体碳价当量。

二是 OECD 的净有效碳率。2022 年，OECD 公布了 71 个国家（主要是经合组织和 20 国集团）的净有效碳率（NECR）。NECR 是一个指标，包括以碳税和 ETS 的形式进行的显性碳定价机制，以及通过化石燃料税和化石燃料补贴进行的负向碳定价机制。这建立在经合组织之前关于有效碳率的工作基础上，但重要的是首次包括了化石燃料补贴的影响。

3. 定价机制的优缺点

碳定价机制作为促进碳减排最为有效的经济手段，已经得到国际社会的广泛认可。分析其优缺点，有助于正确理解和运用碳定价机制。

一是碳定价机制依靠市场化手段和价格信号解决气候变化这一市场失灵问题，容易产生"用市场手段解决市场失灵问题"的逻辑漏洞。气候变化是一个市场失灵问题，因其具备跨区域、跨时空特征产生强烈外部性。但事实上，其市场失灵不只表现于此，更多表现为它是一个系统性问题，不仅具有历史性和长期性，并且当前很多社会核心功能的实现都依赖于与气候变化相关的温室气体排放。因此，过度依赖市场化价格手段，将难以触碰其根基，也无法找到应对的正确路径。

二是将减排政策简单价格化、可比化，可能产生不良政策导向。在碳定价包容性框架下，部分国家可能为规避显性碳价对国内产业的冲击，不顾政策对能源安全和市场竞争的影响，出台大量扭曲市场的绿色发展相关补贴政策，以提高总碳价。鉴于隐性碳定价政策的多样性和量化技术的复杂性，引入隐性碳价后的总碳价将呈现更大波动性，使企业对投资低碳技术的回报预期面临更大的不确定性，不利于促进低碳技术进步，甚至可能削弱碳定价机制的减排效果。

三是从政策效果来看，显性碳定价机制具有一定的优势。一方面，部分国家的碳排放权有偿使用可以为政府带来财政收入，用于支持低碳技术、产品的创新和产业结构的转变。另一方面，碳定价机制可以及时推动企业减少碳排放，促进绿色生产和消费模式的形成，推动经济社会的可持续发展。然而，显性碳定价机制的实施也面临一些挑战和困难。例如，确定合理的碳价格是一个复杂的过程，需要考虑多种因素；同时，如何确保企业的减排行为真实有效也是一个重要的问题。此外，碳定价机制的实施还需要考虑与其他政策的协调配合，以及考虑公众的接受程度等因素。

碳定价机制是促进碳减排的重要手段，但不是唯一手段。应对气候变化和碳减排需要一国一揽子、多方面政策的共同作用。主要有四种：一是通过碳定价机制来提升化石能源的成本；二是通过促进技术进步降低清洁能源的成本，相应的公共政策包括清洁能源补贴、技术革新支持措施等；三是通过行政和管制手段，强制性限制碳排放；四是通过社会治理，使国民的价值观念、生活习惯实现低碳化转型。

可见，碳定价机制只是综合治理框架中的一部分。以中国为例，我国强调双轮驱动，除碳定价机制外，财税、金融激励和行政命令等手段具有重要作用，甚至更为有效。国内外学者也对碳定价机制的有效性提出了质疑，认为更好的替代性政策是包含多种手段在内的综合治理框架。如比尔·盖茨提出"绿色溢价"的概念，其涉及降低零碳排放成本的技术进步，增加传统能源成本的碳定价，以及行政管制和社会治理各方面的政策。Daniel Rosenbloom 等科学家提出"可持续性过渡政策"（Sustainability Transition Policy，STP），认为应对气候变化，不仅需要通过碳定价机制、设置标准等对碳密集型行业施压，也需要鼓励低碳技术创新的支持政策。

总的来说，碳定价机制是一种有效地应对气候变化的政策工具，它基于外部性和公共物品理论，通过设定碳排放的价格来纠正市场失灵和应对气候变化。虽然其实施面临一些挑战和困难，但随着全球对气候变化问题的关注度提高和技术的进步，碳定价机制在未来有望发挥更大的作用。

第二章
显性碳定价机制的比较选择

显性碳定价机制主要包括碳排放交易市场（以下简称"碳交易市场"）、碳税和碳信用机制等手段，在全球范围正不断发展和完善。与传统意义的命令控制性减排措施不同，碳交易市场和碳税更加强调借助市场机制推动减排目标实现，它们也是目前应用较为广泛的显性碳定价手段。本章主要对碳交易市场与碳税的作用机理及实施的重难点和风险点进行对比分析，从而提出基于减排效果不确定下的显性碳定价机制的协同选择。

一、显性碳定价机制的主要形式

诸多证据表明，碳定价机制有利于协助国家（地区）和企业实现碳减排目标。随着越来越多的利益相关方做出气候承诺，碳交易市场和碳税两种常见手段也被更多地纳入各项规划、战略中。世界银行《碳定价机制发展现状与未来趋势 2020》[①] 对碳定价机制给出明确定义，该报告指出碳定价是指对温室气体（GHG）排放以每吨二氧化碳当量（tCO_2e）为单位给予明确定价的机制，包括碳交易市场（ETS）、碳税、碳信用和基于结果的气候金融（RBCF）等。其中，碳定价机制主要分为显性和隐

---

① 世界银行 2020 年 5 月发布。中文版报告由中央财经大学绿色金融研究院翻译完成。

性两种，而且核心的区别是是否有明确的碳价。虽然隐性碳定价机制，如取消化石燃料补贴、内部计算减排成本与燃料税费等也很重要，但尚未纳入该报告的研究范畴。该报告介绍了五种形式的碳定价机制：

（1）碳税，明确规定碳价格的各类税收形式。

（2）碳排放交易市场（ETS），又称碳交易市场或碳市场。该政策工具的核心在于针对排放者设定一个限额，并允许其通过交易配额的方式履约。进一步细分，ETS 还包括总量控制和交易型两种形式。一种形式是政府针对某一特定领域（行业、产业、企业、气体等）设置排放总量限额，排放单位则可用于拍卖或配额发放，在规定领域内的个体需要依据排放量上缴排放单位。在这个过程中，个体可以自行选择配额的用途（用于自身减排义务抵消或进行交易）。另一种形式是以政府设立排放基准线为界，超过界限的个体需要上缴碳信用以抵消碳排放，而在界限之下则可将获得的碳信用与其他排放者交易。除此之外，还有基准线和信用交易等情形。

（3）碳信用机制，是额外于常规情景、自愿进行减排的企业可交易的排放单位。它与 ETS 的区别在于，ETS 下的减排是出于强制义务。然而，如果政策制定者允许，碳信用机制所签发的减排单位也可用于碳税抵扣或 ETS 交易。

（4）基于结果的气候金融，是气候金融的一种形式，投资方在受资方完成项目开展前约定的气候目标时进行付款。非履约类自愿型碳信用采购是基于结果的气候金融的一种实施形式。

（5）内部碳定价机制，是指机构在内部政策分析中为温室气体排放赋予财务价值以促使将气候因素纳入决策考量。

二、碳交易市场和碳税的比较分析

自碳交易市场和碳税产生以来，理论界对二者的作用机制、适用范围、影响效果等方面展开了大量讨论。最初，基于经济社会发展以及功能相似的原因，二者往往被作为替代比较和选择，现阶段，随着理论和实践不断深化，更多地强调二者互补协调。

（一）碳交易市场

碳交易市场是指某个国家（地区）设定碳排放总量限额，利用市场机制，借助价格信号实现排放权在不同经济主体之间的合理分配，从而以最小成本达到碳减排的目标。该机制又被称为"限额—交易"制度。从理论基础来看，碳交易机制源自科斯的产权理论，强调的是在产权清晰条件下市场主体通过自愿交易达到资源的最优配置。该制度首先由政府设定排放总量的上限，然后发放可转让的许可限度，能够以更低的成本降低排放量的企业可以把其多余的许可限额转让出去。如果企业的实际排放量超过了其拥有的排放权，就需要在市场上购买额外的排放权或者支付罚款。通过这种排放权的交易，可以有效地实现规定的减排幅度。

（二）碳税

1. 概念

碳税是对化石燃料（如煤炭、天然气、汽油和柴油等）按照其碳含量或碳排放量征收的一种税。碳税主要是通过减少化石燃料消耗和二氧化碳排放，达到减缓气候变化的目的。在各种减缓气候变化的政策工具中，碳税被认为是一种重要经济手段。

碳税征收的理论基础与"污染者付费原则"相一致。"污染者付费原则"的提出是为了解决污染者的环境责任问题，即环境外部成本应由谁来承担。通过向排放二氧化碳的企业和个人征收一定的费用，碳税旨在鼓励减少温室气体排放并推动转向低碳经济。碳税"双重红利假说"（Double Dividend Hypothesis）是环境经济学中的一个重要理论。具体来说，碳税作为一种针对二氧化碳排放的税收，它的直接目的是通过增加排放成本来减少温室气体的排放，从而减缓气候变化。这是碳税的第一重红利，即环境红利。然而，碳税的引入也可能会影响经济的其他方面。在传统的税收体系中，往往存在一些扭曲性税收，如所得税和劳动税，这些税收可能会抑制劳动供给和投资，从而降低经济效率。如果在实施碳税的同时，能够相应地减少这些扭曲性税收，那么就可以在一定程度上抵消碳税对经济活动的负面影响，甚至可能通过提高经济效率和促进就业带来额外的经济收益。这就是碳税的第二重红利，即经济红利。

20世纪90年代，碳税在北欧国家率先兴起。实际上，在开征碳税前，各国税制实践中就已经有针对化石燃料的相关税种，比如环境税、能源税等，这些税种的课税对象和税基都有所不同。不同的国家推行碳税的路径选择并不相同，有的国家选择碳税与能源税税种并行的方式，也有国家将碳税作为能源税或消费税的组成部分①。因此，称作"碳税"并不是判断是否为碳税的

---

① 邢丽. 碳税的国际协调［M］. 北京：中国财政经济出版社，2010.

标准。从广义角度看，"碳税"家族应该符合以减少二氧化碳为目的，针对化石燃料（如煤炭、天然气、汽油和柴油等）按照其碳含量或碳排放量征收等特征。

2. 分类

根据不同的分类方法，碳税大致可以分为以下几种：

一是按照实施碳税的目的分类，碳税分为基于激励和基于收入目的两种类型。基于激励目的的碳税，主要是通过提高燃料或排放的价格来削减化石燃料的排放，这要求税基必须起到影响行为的作用、税率的设置必须足够高，以使社会费用（如果边际外部损害可以获得的话）全部内部化。基于财政筹资目的的碳税，强调税收传统的收入功能，目的是国家范围内改进能源效率或国际范围内为发展中国家筹集资金。通常，税率水平与筹资计划所需要的资金量有一定的比例关系，要大大低于在最优削减水平下排放削减的边际费用。一般来说，较低的税率水平使以收入为目的的碳税达不到激励作用，对经济行为无显著影响。

二是按照征税标准分类，碳税可以分为差别碳税和统一碳税。差别碳税指在不同行业或地区实施不同的碳税政策，主要体现在税率的差异。统一碳税则正好与差别碳税相反，不区别行业或地区，征收统一的、以边际费用为基础的碳税，从而保障碳税的有效性。早在20世纪90年代，欧洲委员会就提出了实行国际统一碳税的建议。1992年7月欧洲委员会颁布指令，建议在欧盟层次上引入碳税，但最终该计划未能实施。究其原因，从国际层面看，碳排放是个历史积累的问题，不加区别实行统一的碳税税率，无疑使得边际控制费用较低的排放者承担更多的削减责任，发展中国家将要比发达国家承担更多税负。因此，统一碳税虽然在刺激减排方面效果最佳，但在具体实践中有一定难度。

三是按调节对象分类，碳税可分为单方国家税、经协调的国家税和国际税。单方国家税是指在国家范围内实施的碳税政策，由于国情差异，税制差异较大。经协调的国家税是指在一个宽松的国际框架下由各主权国家自主决定的税收体系，但碳税已经进入国际层面，因此需要在不同的主权国家进行国际协调。国际税是碳税的理想模式，指在全球范围内由专门的国际税收组织，按照统一的国际税收体系和标准征收的碳税。

（三）比较分析

1. 国内外研究综述

关于应该选择碳税还是碳交易市场这一问题，在学界引起了争论，国内外学者从不同角度讨论政策选择以及组合优化问题。最初，多数研究将二者置于二选一的框架之内，认为碳税和碳交易市场互为替代。然而，在理论上，碳税源自庇古理论，碳交易源自产权理论，二者有所不同；在实践中，由于受到诸多因素的影响，二者的减排效果都不及预期；越来越多的学者开始探索二者兼容方案。Svante Mandell（2008）[1] 以效率损失作为判断依据，认为"碳交易市场＋碳税"比二选一效果更优。Weitzman（1974）[2]、Thomas A. Weber（2005）[3] 认为二者的优劣取决于对边际减排成本斜率与边际环境损害效率的大小，当前者小于后者时，基于数量的碳交易机制更加有效。除此之外，还

---

[1]　Svante Mandell. Optimal mix of emissions taxes and capand – trade ［J］. Journal of Environmental Economics and Management，2008，56：131 – 140.

[2]　Martin L Weitzman Prices vs. Quantities ［M］. 1974，41：477 – 491.

[3]　Thomas A. Weber. Carbon markets and technological innovation ［J］. Journal of Environmental Economics and Management，2005，60：115 – 132.

有大量学者借助数量分析和实证工具，从成本、效率、一般均衡等角度对碳税和碳交易市场以及二者组合模式进行积极探索，为我国制定低碳减排政策提供了有益借鉴。

针对我国国情，国内学者围绕碳减排工具选择问题展开大量讨论，目前，关注焦点多在碳税与碳交易市场设计与比较、区域性碳交易市场效果评估、碳交易市场经济社会效应评价等方面。围绕碳税和碳交易市场的选择问题，有学者认为碳交易市场是首选工具，也有学者提出先市场、后碳税两步走的方案。还有部分学者研析二者利弊和适用情况，提出了综合运用的组合模式。比如，国务院发展研究中心课题组（2011）[1] 认为二者都有优点，协调配合能够构建起覆盖面广、重点突出、针对性强的碳减排调控体系。魏庆坡（2015）[2] 认为碳交易市场与碳税的兼容性较差，但为应对单一机制减排效果不确定性问题，可以采取在碳交易市场基础上，设置定价上限或下限（也可兼有），超过限制范围的以碳税调节。倪娟（2016）[3] 认为可以协调碳交易市场和碳税两种手段，借鉴国外经验，针对大型污染源采取碳交易市场机制，而分散排放源则采取碳税的方式。冯俏彬（2023）认为目前各国碳交易市场和碳税的组合模式大体有二选一式，并行式和交叉式，三种模式各有优劣，服从于不同国家、不同时期的政策目标。[4]

不难看出，对碳交易市场和碳税两种手段的研究从初期的非

---

[1]　国务院发展研究中心课题组. 碳税与碳交易的国际实践与比较 ［J］. 2011.

[2]　魏庆坡. 碳交易与碳税兼容性分析——兼论中国减排路径选择 ［J］. 中国人口·资源与环境，2015（05）.

[3]　倪娟. 碳税与碳排放权交易机制研析 ［J］. 税务研究，2016（04）.

[4]　冯俏彬. 碳定价机制：最新国际实践与我国选择 ［J］. 国际税收，2023（04）：3－8.

此即彼选择，到逐渐认识到两者之间的互补性，在不同国家、不同时期，可以有多种模式的选择。

2. 作用机制分析

碳交易是一种"数量控制机制"。政府设定一个总的碳排放上限，并逐步减少配额，然后通过碳排放权交易市场向企业分配一定数量的排放额度。二氧化碳的排放总量或者排放标准由政府根据本国或本地区减排目标导向、环境承载能力等确定，通过发放许可证的形式分配碳排放权份额，创制出排放权的稀缺性并创建市场、体现排放权的经济价值，企业可在已有的配额中选择交易其多余的份额或者购买碳排放额度，即通过价格机制来决定排放权在不同经济主体之间的分配。

碳税则是一种"价格控制机制"。政府对化石燃料或其碳含量征收税款，从而直接提高碳排放的成本。企业需要根据其碳排放量支付相应的税款，这通常会导致产品价格上升，降低消费者的购买意愿，进而减少碳排放。气候变化具有典型的外部性，政府运用碳税对微观主体减排进行干预，使其个体成本等于社会成本，微观主体基于自身决策的排放水平，就会与社会最优水平相一致，即碳排放企业的外部成本内在化，达到资源的最优配置。

3. 减排效果分析

碳交易市场与碳税在促进减排的效果方面各有优劣，两种机制发挥着不同的作用，存在以下方面的差异。

（1）减排效果的确定性差异

碳交易市场可以有效量化减排目标，一旦确定了总的排放配额，总体减排目标就得以确定。碳交易市场能够直接控制碳排放的总量，确保整体的减排目标得以实现。此外，由于排放权可以在市场上自由交易，这也为企业提供了灵活性，可以根据自身的减排成本和市场价格来决定购买或出售排放权。

碳税不能直接控制碳排放的总量，在降低二氧化碳排放量、实现既定减排目标上确定性程度较低，但可以通过提高碳排放的成本来抑制或减少碳排放。然而，碳税的减排效果取决于税率的设定和企业的反应。如果税率过低，可能无法有效抑制碳排放；如果税率过高，又可能对经济产生过大的冲击。

（2）灵活性及通货膨胀的影响差异

碳交易市场和碳税在灵活性方面存在明显区别，由于税率、征税范围、课税对象等要素基本是确定的，这使得碳税对市场主体的信息和影响都比较明确，而碳交易市场的价格取决于宏观经济、市场预期、市场发育程度等，碳价波动及时反映了市场行情。以碳税方式形成的价格就缺乏这种灵活性，一经确定无法随时调节。碳交易市场的配额总量设置、配额分配方案、配额履约机制等都需定期调整，适应减排目标的灵活性较强。

通货膨胀以不同的方式影响碳税和碳交易市场的价格。大多数碳交易市场的价格是根据能源商品、电力等的发展情况确定的，所以能源市场等的价格发展会影响碳交易市场的价格。一些国家在碳定价机制设计中加入了通货膨胀调整机制，例如哥伦比亚和波兰的碳税，加州和魁北克的碳税拍卖底价，是根据通货膨胀率调整的。而德国的碳价和加拿大各省的碳税是固定的，智利、新加坡和一些欧洲国家的碳税是固定的价格，这种情况下，通货膨胀会削弱碳价。在碳价按预定值增长的情况下，实际涨幅也会小于规定的名义涨幅。

（3）实施难度和接受度的差异

碳交易市场的建立需要大量的时间、人力和财力投入，包括分配排放权、监测排放量、建立交易平台等。此外，还需要确保市场的公平性和透明度，防止市场操纵和欺诈行为。然而，一旦市场建立并运行起来，它可以为企业提供一种灵活的减排方式，更容易被企业接受。

碳税相对而言实施成本较低，只需要在现有的税收体系中增加一项新税种即可。但是，碳税的征收可能会遭到一些企业和消费者的反对，因为他们需要承担额外的成本。此外，政府还需要考虑如何合理使用这些税收收入，以支持低碳技术的发展和应对气候变化。

（4）监管机制的差异

目前，碳交易市场在各个国家的实践时间都相对较短，还需要兼有包括配额、检测、核算等多方面的配套机制，形成复杂程度高、网络式的监管体系，因此，监管的成本总体较高。相比而言，碳税依托于原有的税务征管体系，实行单向、线式、垂直的监管，监管成本增加有限。

综上所述，碳交易市场和碳税各有优缺点，选择哪种机制取决于具体的政策目标、实施条件和社会经济环境。在实际应用中，也可以考虑将两种机制结合起来使用，以充分发挥它们的优势并弥补各自的不足（见表2-1）。

表2-1　　　　　　　碳交易市场和碳税的比较

各项比较	碳交易市场	碳税
运作机制	数量控制机制	价格控制机制
政府控制变量	碳排放总量	碳排放的价格
减排效果的确定性程度	高，总体减排目标与排放配额相关	低，减排数量控制在企业手中
企业制定减排措施所面临的不确定性	高，减排成本有很大不确定性	低，减排成本较确定

续表

各项比较	碳交易市场	碳税
调控范围大小	一般适用大排放源	适用各种排放源
实施难度和接受度	低	较高，较难达成政治共识
政府政策执行成本	高	相对低
企业政策执行成本	高，碳价格的不确定性会增加减排企业的管理成本	低
调控的灵活性	高，可以通过各种手段进行排放总量的调控	低

4. 实施的重难点问题比较分析

（1）碳交易市场实施的重难点分析

一是碳排放权配额的确定和分配问题。基于市场发育程度、可操作性以及经济社会发展等多个维度的考量，目前诸国在实践中多采用建立在历史排放水平（或称"祖父法"）以及行业基准线法则基础上的碳排放权配额分配方法。这一方法虽然容易实现，但也存在一些问题：为获得更高的配额，企业选择高报历史排放水平；因配额供需不平衡导致的价格信用失灵问题；通过节能改造以及提高工艺水平等手段降低排放水平的企业反而获得较少配额；碳交易试点中多以行业和碳排放规模确定控排范围，大企业完全存在化整为零、逃避减排的可能性等。

二是数据准确性与监测难题。企业需要准确测量和验证其碳排放量，这可能需要专业的技术和高昂的成本。同时，由于缺乏有效的数据监测和报告机制，企业提供的碳排放数据可能存在不准确的情况，这将影响碳交易的公平性和有效性。

三是市场透明度问题。部分国家对碳交易有关关键信息，如配额总量、企业排放数据和分配结果等关键市场信息公开不足，碳交易市场缺乏透明度，导致企业难以了解市场行情，从而影响交易决策。此外，市场的不稳定性以及价格波动较大，也给企业带来了财务风险和商业计划的不确定性。

四是法规政策的不完善。目前一些国家碳排放权交易的依据主要是部门规章制度，如中国碳交易市场依据是国家发改委的部门规章，尚无法律或行政法规对碳排放权属性等基本法律问题进行明确界定，这在一定程度上给碳交易市场带来了风险。同时，相关法规政策对碳交易市场的监管力度不足，容易引发市场操纵、欺诈等行为。

（2）碳税实施的重难点分析

第一，关于税率的确定。碳税税率和排放量之间的关联不明确。虽然在实施过程中，可根据实际情况与排放许可限额之间的差距，对碳税进行微调，但总是存在滞后效应，而且碳税的调整本身又涉及大量的谈判，异常艰难。此外，部分地区会通过减免碳税之外的其他税收来抵消碳税影响。部分地区甚至可以把征收的碳税，用隐蔽的形式返回给纳税方，影响实际效果。碳税的税率需要仔细权衡，过高的税率可能会给企业带来过大的经济负担，影响经济发展；过低的税率则可能无法有效激励企业减少碳排放。同时，不同行业、地区的碳排放强度和减排成本存在差异，如何制定差异化税率也是一个难点。

第二，碳税难以体现公平原则。从各国碳税实践看，为避免"碳泄漏"，主张一国各地区之间适用同样税率。这意味着各地区碳排放的"价格"是相同的。但各地区产业结构和发展阶段不同。发达地区经济新动能较强、产业排放强度低，对碳税的承受能力较强；而欠发达地区工业化程度低，处于价值链低端，对碳税的承受能力较弱。所以，碳税有时会使落后地区发展权受限明显，其累退性也可能带来低收入群体税负的增加。

第三，关于碳税的征收管理。碳税的征收管理需要建立完善的监管体系和监测机制，确保企业准确报告碳排放量并按时缴纳碳税。这需要大量的技术和人力投入，并面临企业瞒报、漏报等风险。

第四，关于碳税的经济影响评估。碳税的实施可能对经济产生广泛影响，包括能源价格上涨、企业成本增加、消费者负担加重等。因此，需要对碳税的经济影响进行全面评估，以制定合理的政策措施来平衡经济发展和环境保护的关系。

5. 实施的风险分析

（1）碳交易市场实施的风险

碳交易市场在具体的实施中，依然存在着诸多的风险，是各国不能忽略的问题。一是减排政策的调整、修订或取消，会直接影响碳交易市场的规模、价格和投资效果。此外，不同国家和地区的碳交易标准不一致，导致企业在参与国际碳交易时面临诸多困难。二是市场风险。碳交易市场价格波动较大，投资者面临较大的市场风险。同时，碳交易市场是一个虚拟性较强的衍生品市场，这也增加了市场的风险性。三是信用风险。碳交易市场依赖于企业和政府的信誉和资信度，如果碳交易市场上的交易被企业违约或政府无法履行承诺，将会给市场带来信用风险。四是操作风险。由于碳交易市场在中国还属于新兴事物，市场参与者未必能够完全掌握交易规则及相关监管规定，因此操作风险也不容忽视。碳交易市场操作风险虽然发生频率较小，但仍可能造成不可挽回的损失。

（2）碳交易市场扩围风险

碳交易市场扩围指的是将更多的行业、地区或温室气体种类纳入排放交易体系中，以扩大其覆盖范围和影响力。然而，ETS扩围也面临着一些风险，主要包括以下几个方面：

一是经济风险。碳交易市场扩围可能会增加企业的运营成本，因为企业需要购买更多的排放权或采取更昂贵的减排措施。这可能会对企业的竞争力产生负面影响，特别是在国际市场上。同时，碳交易市场扩围也可能导致能源价格的上涨，进一步影响消费者和企业的经济利益。

二是社会风险。碳交易市场扩围可能会引发社会公平和利益分配的问题。一方面，不同行业和地区的减排成本和难度存在差异，这可能导致某些行业或地区承担更大的经济负担；另一方面，碳交易市场扩围可能会使较富裕的群体更容易承担减排成本，而较贫困的群体则可能面临更大的来自能源使用方面的经济压力。

三是环境风险。虽然碳交易市场扩围旨在减少温室气体排放，但如果没有得到有效实施和监管，可能会导致环境风险的增加。例如，企业可能会通过虚假报告、偷排漏排等方式来规避减排责任，这不仅会削弱碳交易市场的减排效果，还可能对环境造成更大的损害。

ETS扩围涉及政策制定和实施的过程，政策调整可能导致企业面临更大的不确定性，从而抑制其参与碳交易市场的积极性。为了降低碳交易市场扩围的风险，一些国家往往采取逐步扩大覆盖范围的方式，即在碳交易市场扩围过程中，先将较易减排的行业和地区纳入体系中，再逐步扩展到其他行业和地区。这有助于减轻企业的经济负担，并为其提供更多的适应和转型时间。

（3）碳税实施的风险

一是经济风险。碳税的实施可能导致企业成本增加，竞争力下降，特别是对那些能源密集型和高碳排放的行业。这可能对就业和经济增长产生负面影响。

二是社会接受度风险。碳税作为一种新增的税收，可能面临社会接受度的挑战。公众可能对碳税的目的、效果和实施方式存在疑虑或误解，导致政策执行受阻或引发社会不满。

三是"碳泄漏"风险。碳税可能导致国内生产向碳排放标准较低的国家转移，即所谓的"碳泄漏"现象。这不仅可能削弱碳税的环境效果，还可能影响国际竞争力。

四是政策不稳定风险。碳税政策的不稳定性可能导致企业投资决策的不确定性增加。如果政策频繁调整或缺乏长期规划，将影响企业的减排积极性和投资信心。

当然，上述风险和局限性并非普遍存在于所有碳定价机制中，而是可能在不同国家和地区以及不同实施阶段出现的问题。此外，随着碳定价机制的不断完善和优化，这些问题也可能得到逐步解决或缓解。

三、基于减排效果不确定性的政策工具选择

在信息充分、不存在交易成本等完美市场的假定下，上述碳定价机制的经济、环境规制效应没有区别。然而，完美市场的假定并不符合现实，交易成本广泛存在，几种显性碳定价机制在运作成本和实施效果上均存在较大预期偏差。通过兼容并蓄的思路，扬长避短、调整优化不同显性碳定价机制的契合度是探索碳减排制度创新的一个重要方向。

（一）在不同的减排目标导向和市场情景下，碳减排机制选择有所不同

在选择基于减排效果不确定性的碳定价机制时，需要考虑多个因素，包括减排目标的确定性、政策的可逆性、成本效益分析以及预警性原则等。比如，从减排目标看，有的国家关注总体排放量，而有的地区则将排放量与经济社会环境变量联系起来，显然，后者更具灵活性，在碳税和碳交易市场两种机制兼容发力上更具空间。又如，碳税在降低二氧化碳排放量上具有相当的不确定性。如果碳排放企业生产的产品需求价格弹性较低，企业就很容易将碳税成本转嫁给消费者，从而弱化政策预期。再如，针对碳排放配额价格的不确定性，在一些情况下，碳税和碳交易市场完全可以并行存在，针对不同行业不同排放源进行监管，覆盖面可以交叉，也可以没有交叉。然而，两者并行的机制设计难度同样不小。一个典型的事例是在覆盖面交叉的行业，如果减排实际成本较高（高于开征碳税带来的成本影响），在碳交易市场基础上的碳税调节力度将较为有限，市场主体倾向于多缴税以解决排放需要，导致整体排放量不减反增。

（二）碳信用机制和基于结果的气候金融有一定局限性

碳信用机制是显性碳定价的一种形式，它融合于碳交易市场中，通过市场化的方式实现减排目标。碳信用机制是基于自愿原则的减排单位，可以鼓励企业自愿进行减排。从起源与发展来看，碳信用机制最初通过《京都议定书》被世界熟知，其中的清洁发展机制（CDM）和联合履约机制为其提供了基础框架。在CDM的基础上，发展出了如黄金标准和核证减排标准等独立的碳信用机制。这些机制不仅可用于抵消排放，还可用于自愿目的

的排放中和，在碳交易市场中形成了一个独立的碳信用市场。碳信用的种类主要包括以下三种：一是国际碳信用机制。依据国际气候条约建立，如《京都议定书》和《巴黎协定》，由国际机构如清洁发展机制和联合履约机制管理。二是区域、国家和地方碳信用机制。由各自辖区内的立法机构管辖，如中国的 CCER 机制。三是独立碳信用机制。即由独立非政府组织管理的标准和信用机制。

碳信用机制作为碳定价的一种形式，通过市场化的方式推动全球减排行动。对购买方而言，碳信用提供了减排履约的灵活性安排，允许通过为减排成本较低的地区或部门提供资金来抵减自身的排放量，从而降低减排成本。对出售方而言，碳信用提供了一个可以量化的计价方式，鼓励更多绿色产业加速减碳技术创新。

其优势在于，如果政策允许，这些信用机制所签发的减排单位可以用于碳税抵扣或碳交易市场交易，从而增加了企业的减排动力。劣势在于，碳信用机制的减排效果取决于企业的自愿性，因此其减排效果具有较大的不确定性。同时，碳信用机制的运作也需要建立完善的认证和监管体系。

基于结果的气候金融（RBCF）其优势在于，通过提供资金支持来鼓励企业采取减排措施，可以降低企业的减排成本，提高其减排积极性。这种机制可以根据企业的实际减排效果来提供资金支持，因此具有一定的灵活性和针对性。但是，RBCF 的减排效果也取决于资金支持的力度和企业的实际行动，因此同样存在一定的不确定性。同时，RBCF 需要建立完善的资金筹集和分配机制。

综上所述，显性碳定价机制中的碳税、碳交易市场和碳信用机制各有优劣。在选择具体的碳定价机制时，需要综合考虑当地的具体环境和政府的相关政策目标。同时，这些机制之间并非是相互排斥的，可以相互补充和协调使用以实现更好的减排效果。在选择基于减排效果不确定性的碳定价工具时，需要综合考虑各种因素。如果减排目标相对明确且可逆性较低，可以选择碳税等更为刚性的定价工具；如果减排效果存在较大不确定性或需要更大的灵活性，则可以选择碳交易市场或碳信用机制等市场化定价工具。同时，也可以考虑将不同的定价工具进行组合使用，以更好地应对减排效果的不确定性。

第三章
显性碳定价机制的国际实践进展

　　显性碳定价主要包括碳税、碳交易市场、碳信用、基于结果的气候金融和内部碳定价五种。各个国家和地区基于本国国情与碳减排需要，选择不同的手段，并随国际国内经济发展和应对气候变化需要不断调整政策。其中，碳交易市场和碳税是最主要政策手段，在全球诸多国家和地区得到了积极且广泛地应用。同时，国际社会对碳减排工具的使用，特别是不同手段的协调配合和多层次应用也有了新的认识和实践。本章重点介绍碳交易市场和碳税的国际实践，并结合中国实践提出相关启示。

一、全球主要碳交易市场的运行情况

　　2005 年，世界上首个碳交易市场——欧盟排放交易市场——正式启动，根据《全球碳排放权交易：2023 年进展报告》，目前大致有 28 个碳交易市场正在运行。而且，碳交易市场可以在不同层级的区域有效运转，从城市（如东京、中国的区域性碳交易市场试点）、到省或州（如美国各州和加拿大各省）、再到国家层面，再到跨国别范围（如欧盟、加利福尼亚州—魁北克）。随着碳交易市场的碳减排有效性在国际实践上得到广泛印证，越来越多的国家（地区）开始实行或者计划实行碳交易市场，目前，主要的碳交易市场及其运行情况如下。

（一）欧盟碳排放交易体系（EU ETS）

欧盟碳排放交易体系是世界上第一个主要的碳排放权交易体系。20 世纪 90 年代初，欧盟在试图开征碳税的行动失败后，开始在碳交易市场寻求突破。1998 年，根据《京都议定书》的承诺减排目标，欧盟 15 个成员国达成了《负担分摊协议》（Burden Sharing Agreement），同年欧盟委员会发布了《气候变化：后京都时代的欧盟战略》报告，提出于 2005 年前建立欧盟内部交易机制。2003 年 10 月 25 日，2003/87/EC 排放交易指令生效。2005 年，欧盟排放交易体系正式运行。

截至目前，欧盟排放交易体系已经运行完成了三个实施阶段，从 2021 年起进入了第四阶段。

第一阶段（2005—2007 年）。这一阶段为试验阶段，主要为接下来的阶段进行一些必要的准备并积累经验。主要限排企业为能源生产以及与能源关系密切的工业部门，包括发电厂、热电厂、炼油厂、钢铁行业、建材行业、造纸行业等。此外，其他任何行业中有产生超过 20MW 电量的单一燃烧厂以及在同一地点的其他单位（如医院、大学和大型零售商店可能符合此项规定）也被纳入管制中。在这一阶段以及第二阶段，主要采取了配额免费发放的"祖父法"进行配额分配。在具体执行程序上，各成员国通过本国的"国家排放配额分配计划"，确定本国排放总量及分配给各管制对象的排放限额后，经欧盟委员会评估批准后生效。从实际运行情况来看，2006 年 4 月碳价达到了 30 欧元/吨二氧化碳的峰值，此后急剧下跌，到 2007 年底，碳价跌至历史最低的 0.1 欧元/吨二氧化碳。在减排效果上，第一阶段期间欧盟二氧化碳总排放量下降了 1.9%。

第二阶段（2008—2012 年）。在这一阶段，欧盟排放交易体系在辖区、行业两个维度实现了"扩围"。从辖区看，加入了冰岛、挪威和列支敦士登三个欧洲经济区内的国家；从行业看，2008 年 7 月，欧洲议会通过一项关于将航空业纳入 EU ETS 的提议（DIRECTIVE 2008/101/EC），决定自 2012 年起，进出欧盟以及在欧盟内部航线飞行的飞机排放的温室气体均须纳入 EU ETS。航空业覆盖范围限制在欧洲经济区以内的航班，直至 2016 年，国际航班则暂时排除在外。在第二阶段，排放限额被设定为比 2005 年欧盟排放总量低 7%，同时 10% 的配额采用拍卖的方式配给。从运行情况来看，2008 年碳排放配额的市场价格总体上在高位运行，最高达到近 30 欧元/吨二氧化碳。同时期，随着金融危机的爆发，碳排放许可证出现过剩现象，碳价伴随式下跌，到这一阶段的后期，达到 12 欧元/吨二氧化碳。

第三阶段（2013—2020 年）。这一阶段是欧盟排放交易体系的改革期。从 2009 年起，欧盟总结和回顾前两个阶段的市场运行状况，对一些缺陷进行了探讨，进而对调控交易市场的法律框架进行了修订，修订结果从第三阶段开始执行。第一，在排放总量和配额分配上，取消各国的国家分配计划，改为实行欧盟一体化的排放总量限制，配额由欧盟委员会分配至各成员国。2013 年排放配额总量为 19.74 亿吨，之后每年下降 1.74%，至 2020 年降至 17.2 亿吨，确保 2020 年温室气体排放要比 2005 年排放水平至少低 21%。第二，调整减排主体使用碳信用的限制、市场覆盖范围和行业覆盖范围、温室气体种类等。第三，逐步推进"祖父法"向"拍卖法"转变，并明确于 2027 年实现全部初始配额通过拍卖方式分配。第四，引入市场稳定储备机制。2017 年底，欧盟决定引入市场稳定储备机制（MSR），用以更进一步发挥价格机制的作用，主要做法是将往年结余配额转入下一年，并按一定比例减少下一年新拍卖配额。2019 年 1 月 1 日起，市场稳定储备机制生效，欧洲碳价开始高速爬升。新冠疫情时期，受市场恐慌情绪冲击，碳价急剧下滑，但在市场稳定储备机制的支撑以及欧洲绿色复苏计划下，随后很快便恢复到较高水平。市场稳定储备机制叠加逐年严格的排放限制，大幅推动了碳价的上涨。

第四阶段（2021—2030年）。随着实践的逐步推进，欧盟排放交易体系面临着一些严峻的挑战，比较典型的是碳价长期低迷，碳价事关减排目标的实现，碳价低迷将不足以提供强劲的价格信号，从而不能起到激励企业低碳发展的作用。改革势在必行，但进程充满波折。2015年7月，欧盟委员会正式提出立法修正案，就2021年开始的EU ETS第四阶段进行改革，改革的核心在于引入市场稳定储备机制，以帮助碳交易市场应对外部因素如科技变革或经济波动的影响。2017年11月9日，欧洲议会和欧盟理事会经过两年的激烈谈判，最终就改革达成一致，并于2018年初对第四阶段的立法框架进行了修改。根据二者达成的协议，EU ETS将从调节配额总量的线性递减系数（Linear Reduction Factor，LRF）和引入市场稳定储备机制两个主要方面优化交易市场体系，应对配额过剩问题。届时，线性递减系将从1.74%提高到2.2%，而MSR从市场中撤回配额的比率由12%加倍至24%。除了配额改革外，欧盟还在这一阶段计划对欧盟港口内部停留、抵达、出发的船舶计算二氧化碳排放量，并提出若国际海事组织（International Maritime Organization，IMO）在2021年仍没有相应的措施，欧洲议会将提议把欧盟以及国际航运（包括非欧盟船只）纳入EU ETS。与此同时，欧盟正在创建一个新的体系（ETS 2）以纳入现有市场未覆盖到的道路运输、建筑等行业，将监管向上游延伸，以更进一步发挥碳交易市场的碳减排作用。

近两年，欧盟的碳价受到世界能源资源格局变化的影响，发生剧烈波动，曾于2023年3月创下历史新高，超过100欧元。2024年2月，欧盟受碳交易市场履约期变化、经济恢复缓慢和国际能源需求疲软等因素影响，碳价不断下挫。碳价的剧烈波动仍然是影响欧盟碳排放交易体系运行效果的关键因素。

（二）美国的区域温室气体行动计划（RGGI）

区域温室气体行动计划（The Regional Greenhouse Gas Initiative，RGGI）启动于2009年，是美国第一个温室气体强制减排交易机制，最初由美国东北部和大西洋中部的11个州合作开展，包括康涅狄格州、特拉华州、缅因州、马里兰州、马萨诸塞州、新罕布什尔州、新泽西州、纽约州、罗德岛州、佛蒙特州和弗吉尼亚州，虽然美国宾夕法尼亚州通过了加入区域温室气体倡议的立法，但因法院原因而被暂时搁置。

RGGI的最初减排目标是相比于2009年，2018年规制范围内的发电企业二氧化碳排放量要降低10%，即从18.8亿短吨降低至17.0亿短吨。RGGI采取分段实施的方式，以3年为一个履约周期。第一阶段从2009年1月1日至2011年12月30日。目前，已经度过五个履约期。

在碳排放配额的分配上，RGGI主要采取拍卖的方式，每三个月举行一次，每个发电企业可以购买任何一个参与州的碳排放配额。但从真实的市场运行情况来看，由于能源价格变化、技术进步等因素影响。在第一个履约期，RGGI所规制的企业实际碳排放下降明显，因此，出现了配额供给多而需求少的错配局面，并引致碳价低迷、影响市场主体减排积极性的问题。

第一阶段配额排名总量为 5.03 亿短吨，但实际只拍出 3.93 亿短吨，拍卖大多以最低的保留价格成交。为充分释放价格信号，发挥碳交易市场对碳减排的积极作用，RGGI 不断在探索中进行改革。2012 年，以动态调整初始配额总量为核心，出台若干配套措施。2013 年，对下一年的配额总量进行高达 45% 的削减，同时修订规则，规定从 2015—2020 年，配额总量预算每年削减 2.5%。经过这一改革，RGGI 交易体系一级市场配额拍卖价和竞拍主体数量双双稳步回升，二级市场活跃度明显提高，规制企业对碳交易市场的重视程度日益提升。[①]

2017 年 8 月 23 日，RGGI 宣布 2030 计划，将实行更加严格的总量控制和新政策。RGGI 将进一步降低总量控制水平，相比 2020 年下降 30%，同时推出新的排放控制储备，若碳价过低则会通过该储备下调总量控制水平提升碳价。最新一次季度拍卖于 2023 年 9 月 6 日举行，二氧化碳排放配额的结算价格为每吨 13.85 美元，比上一季度的结算价格高出 9%，接近 2022 年 3 月的每吨 13.90 美元的创纪录价格。

值得注意的是，RGGI 有定期针对碳交易市场的方案进行审查的机制，包括对二氧化碳减排规划、规则、成员等方面进行讨论和改革，使得 RGGI 始终保持着适用性和有效性。

（三）日本东京碳排放权交易体系（TCTP）

日本首都东京的碳排放权交易体系（Tokyo Cap – and – Trade Program，TCTP）于 2010 年开始实施，这是全球首个城市层面的碳排放权交易体系。东京商业发达，工业企业较少，最大的碳排

[①] 郑子文. 美国首个强制性碳交易体系（RGGI）核心机制设计及启示 [J]. 对外经贸实务，2016（07）.

放源来自商业领域。因此 TCTP 主要瞄准了商业领域特别是大型商业建筑。

TCTP 的减排目标是到 2020 年二氧化碳排放量比 2000 年减少 25%。该体系覆盖 1340 个排放源，占东京商业的 1%，并占全市所有二氧化碳排放的 40%，采用强制参与的总量交易模式。配额分配采取基于历史排放的"祖父法"，即以免费分配为主。TCTP 采取分阶段运行的方式，第一履约阶段为 2010—2014 年。东京都政府公布的排放数据表明，在第二履约阶段内（2015—2019 年），覆盖设施排放量与基准年排放量相比减少了 27%，这一数据表明 TCTP 超额完成减排目标。

从运行情况来看，TCTP 运行良好，减排成绩显著。与基准年排放相比，TCTP 实行后的第一年就实现了 13% 的二氧化碳减排量，第二年又实现了 22% 的减排量。2016 年东京都政府报告称，TCTP 在其实施运营的第五个年头实现了较基准年减排 25% 的成果。由此，该体系在第一履约期（2010—2014 年）的减排总量达 1400 万吨，相当于东京 130 万户家庭五年的排放量。从参与主体来看，到 2016 年 2 月，90% 以上的参与主体均已超额实现第一履约期减排目标，76% 的参与主体已实现其第二履约期的控排目标。从运行趋势来看，TCTP 将有效助力东京实现其到 2030 年将温室气体排放量较 2000 年减少 30% 的减排计划。

（四）美国加利福尼亚州排放交易体系

2013 年美国加利福尼亚州正式启动碳排放交易体系，目标是到 2020 年实现 15% 的温室气体减排目标，以求达到 1990 年的排放水平。

加州碳排放交易体系目前有四个履约阶段：2013—2014 年、

2015—2017 年、2018—2020 年、2021—2023 年。第一阶段主要覆盖电力和工业设施，纳入覆盖范围的排放量标准是年排放量达到 25000 吨碳当量及以上。在第二阶段也就是 2015 年之后，民用燃料、商业用燃料和运输燃料也被纳入覆盖范围，这些是加州最大的温室气体排放源。此外，从加州外输入到加州内的电力资源也被覆盖在内。在第二阶段，该体系覆盖的排放量达到加州温室气体排放总量的 85% 以上。

加州碳排放交易体系设定的排放配额总量逐年递减。2013 年配额总量为 1.628 亿吨二氧化碳当量，2014 年和 2015 年年均减少 2%。2015 年，由于覆盖范围扩大，配额总量扩大到 2.35 亿吨二氧化碳当量，此后每年减少 1200 万吨二氧化碳当量的配额，2020 年度配额总量为 3.34 亿吨二氧化碳当量。2021—2023 年，配额上限平均每年下降 4% 左右。在配额分配上，采用免费分配和拍卖相结合的方式。第一个阶段优先适用免费发放配额的方式，在此后的履约阶段拍卖的份额将逐渐增加。加州的碳排放交易体系取得了显著的成效。碳交易市场高度活跃，碳价保持高位运行，碳排放量逐年减少。

2017 年 1 月，加州提出了一项应对气候变化的雄心勃勃的新计划，将二氧化碳减排目标定为到 2030 年温室气体排放量比 1990 年降低 40%。2017 年 7 月，加州通过 AB 398 法案，将碳排放交易体系延长到 2030 年，使其与 2030 年减排 40% 的气候目标相匹配，并对碳交易市场的抵消机制、配额分配以及新的价格稳定机制做了几处变更。此外，该法案还包括了限制价格过度上涨和设定最高碳价限额的新机制。2022 年 12 月，加州空气资源委员会（CARB）通过了《2022 年最终范围计划》（Final 2022 Scoping Plan），该计划将审查目前的减排进度，其中，包括限额和碳排放权交易体系。

2014 年，根据西部气候倡议（WCI），加州和加拿大魁北克的碳计划相连接，创建了一个共同的碳交易市场，区域覆盖加州全境，体系能够覆盖加州 80% 的排放量。根据魁北克发布的《缓解目标达成报告》（2020 Mitigation Goal Achievement Report），2020 年，魁北克在魁北克—加州碳交易市场净购买 1140 万吨二氧化碳，净减排至 26.6%，实现了与 1990 年相比减排 20% 的目标，之所以能够实现这一目标，一方面，是新冠疫情的效应；另一方面，是 ETS 的功劳。报告认为当前的碳排放交易体系是有效的。

（五）哈萨克斯坦碳排放交易市场

哈萨克斯坦是全球二氧化碳排放大国之一，主要排放领域包括能源、矿业及化工行业。哈萨克斯坦是亚洲第一个启动国内碳交易的国家。2011 年 12 月，哈萨克斯坦议会通过《环境法规》修正案，提出要建立国内碳交易市场。2013 年 1 月 1 日，哈萨克斯坦正式启动了国内碳交易市场。按计划，碳交易市场运行将分为三个阶段：第一阶段（2013 年 1 月 1 日—2013 年 12 月 31 日）为试点阶段，为期一年，配额全部免费发放，配额分配基于 2010 年的排放数据，同时为新入者预留了 2060 万吨配额；第二阶段（2014 年 1 月 1 日—2015 年 12 月 31 日），为期两年，配额免费分配，其中 2014 年的配额分配基于 2011—2012 年的排放数据，2015 年配额基于 2013 年的排放数据；第三阶段（2016 年 1 月 1 日—2020 年 12 月 31 日），为期五年，自第三阶段起哈萨克斯坦将在一定程度上采用拍卖及基准线法分配配额。

但是，在正式运行两年后，哈萨克斯坦的碳交易机制受到了工业企业的强烈反对，他们认为该机制对于减排的要求过于严格，并且法律基础太薄弱。2016 年 4 月 22 日，哈萨克斯坦议会通过《环境法规》修正案，暂停实施碳排放交易体系至 2018 年。此举旨在完善国内监测报告核查（MRV）制度、温室气体排放法规和碳排放交易体系运行架构。在暂缓期间，排放企业仍需要继续报告其温室气体的排放数据。按计划，哈萨克斯坦将在 2018 年重启碳排放交易体系建设工作，为参加碳交易市场的机构制定全新的分配方案和交易流程。哈萨克斯坦于 2021 年正式实施温室气体排放配额制，开放碳排放交易，允许企业在国内出售剩余的碳排放指标。2022 年 9 月，奇姆肯特炼厂完成了首笔碳排放指标交易。

（六）韩国碳排放权交易市场

2015 年，韩国启动了全国碳排放权交易市场，成为继哈萨克斯坦后第二个推行全国碳交易市场的亚洲国家。碳排放权交易市场将在实现韩国国家自主贡献减排目标方面发挥关键作用。当前，其碳交易市场排放规模已经占全国温室气体排放总量的 74%。

韩国碳排放权交易市场覆盖了电力、钢铁、水泥、石化、建筑、废弃物和国内航空业等 23 个部门的 525 个主体，纳入覆盖范围的排放量标准是年排放量高于 125000 吨二氧化碳的企业和年排放量高于 25000 吨二氧化碳的个人设施。这些主体的温室气体排放量大约占到了韩国总排放量的 68%。

按照 2012 年通过的排放权交易立法，碳交易市场建设将分为三个阶段：2015—2017 年、2018—2020 年、2011—2025 年。在配额发放上，第一阶段配额将免费发放，第二阶段免费配额比例降为 97%，第三阶段免费配额比例将低于 90%，这一阶段还重视金融机构的参与以及衍生品的引入，增强市场的流动性和稳定性。2015—2017 年间，韩国碳排放权交易体系计划发放 16.87 亿吨碳配额，其中包含作为市场稳定机制的 8800 万吨配额。由此韩国碳交易市场将成为仅次于 EU ETS 的全球第二大碳排放权交易体系。从运行情况来看，2015 年 1 月 12 日，也就是正式启动当日，碳交易市场成交量为 1190 吨。2015 年碳配额（KAU15）开盘价为 7860 韩元/吨（7.26 美元/吨），收盘价为 8640 韩元/吨（7.97 美元/吨）。2023 年，韩国碳价不断下挫。

2021 年起，韩国 ETS 进入第三阶段，这一阶段以优化覆盖范围、分配机制和抵消机制等为关键。2022 年 11 月，韩国政府宣布向更高效的实体发放更多免费配额、向更多金融公司开放碳排放交易体系等优化措施。

（七）德国碳排放交易体系

2019 年 9 月 20 日，德国政府发布"气候保护计划 2030"的基础性举措：为实现德国 2030 年气候目标而制定的一揽子措施，其中包括自 2021 年起针对建筑和交通运输业使用的燃料建立碳定价机制。

碳定价机制将以全国碳排放交易体系的形式出现，第一阶段执行固定碳价，第二阶段执行每吨二氧化碳最低和最高价格。由于德国能源、工业和国内航空业的温室气体排放已被纳入欧盟碳排放交易体系，引入全国碳排放交易体系后，德国所有主要行业到 2021 年都将实施二氧化碳排放定价。2023 年，德国对每吨碳排放征收 30 欧元碳税（费），为国库带来 107 亿欧元的收入，这是将碳排放权交易体系与碳税（费）配合使用的典型事例。按照计划，固定的二氧化碳价格将会在后面逐年提升。

（八）英国碳排放交易体系

2020 年 12 月 14 日，英国政府确认将从 2021 年 1 月 1 日起实施本国的碳排放交易体系。英国碳排放交易体系的实施日期恰逢英国脱欧过渡期结束，之后英国将不再被欧盟碳排放交易体系覆盖。为确保所覆盖控排企业的连续性，英国碳排放交易体系将至少在运营的最初几年沿用欧盟碳排放交易体系的若干设计要素。但是，两者也存在一些显著差异，包括更严格的总量控制水平和过渡性的价格下限机制。英国的碳交易市场在实施之日将不会与欧盟碳交易市场进行连接，但英国政府表示愿意与各国际合作伙伴讨论建立连接的可能性。近年来，英国正在加强对 ETS 的价格调控，包括对原本覆盖的行业（如电力、工业等）实施更为严格的排放限制、扩大覆盖范围等。

除上述基本介绍外，本文选择国际上主要的碳交易市场的相关信息进行总结归纳，如表 3－1 所示。可以看出，大多数碳交易市场都覆盖工业，其中，韩国和新西兰的覆盖行业范围最多。从覆盖程度看，各国（地区）的差异较大，加利福尼亚州和韩国的覆盖比例较高。从碳价格看，价格差异比较大，欧盟、英国等欧洲国家（地区）的价格最高，中国、日本（东京和埼玉）的碳价格相对较低。除此之外，大部分国家（地区）都采用免费配额和拍卖相结合的分配方式，但是，这些国家（地区）的碳交易市场已经经过相当长时间的发展和发育，在一些刚开始实行碳交易市场的国家（地区）一般都采用免费配额作为唯一分配方式（如中国和墨西哥）。

表 3-1 国际主要碳交易市场相关信息

国家/地区	覆盖范围：能源	工业	建筑业	运输业	国内航空	废物	林业	农业	覆盖程度（%）	2022年加权碳价（一公吨/美元）	拍卖份额（%）	可抵消份额（%）
中国（全国性）	✓								44	8	0	5
欧盟	✓	✓			✓				38	83	57	0
RGGI	✓	✓							14	13	93	3.3
日本（东京和埼玉）			✓	✓					37	5（东京）、1（埼玉）	–	–
加利福尼亚州	✓	✓	✓	✓					75	28	38	4
韩国	✓	✓	✓	✓	✓	✓			74	18	4	5
英国	✓	✓	✓	✓	✓				26	93	54	–
德国	✓	✓	✓	✓					38	32	100	0
新西兰	✓	✓	✓	✓	✓	✓	✓		49	48	56	0

二、全球碳税开征及运行情况

20世纪90年代，碳税在芬兰、挪威等北欧国家兴起。然而，碳税在欧盟范围内的开征并不像建立碳排放权交易体系一样顺利，由于涉及税收主权让渡问题，使得欧盟在1992年和1995年统一开征碳税的提议两度"流产"。尽管如此，随着气候变化问题日益严峻，促进碳减排的诉求越发强烈，部分欧盟成员国决定在本辖区内开征碳税或能源税。除此之外，部分国家结合国情，也引入碳税实现减少温室气体排放的目的，如日本、英国等发达国家。到目前为止，已经有30多个国家和地区引入了碳税。此外，还有越来越多的发达国家和发展中国家也在计划和考虑开征碳税。部分国家或地区开展碳税情况如下。

（一）芬兰

作为全球第一个开征碳税的国家，芬兰于1990年开征了二氧化碳税，最初是作为化石燃料消费税的一个单独部分，征收范围是交通部门和供热部门使用的化石燃料，包括汽油、柴油、轻质燃油和重质燃料油、喷气燃料、航空汽油、煤炭和天然气。作为工业生产的原材料或作为飞机和其他运输工具燃料的产品可以免税，从2015年7月1日起用泥炭产生的能源也免税。

在开征之初，碳税的计税基础是化石燃料的含碳量，税率为1.12欧元/吨二氧化碳当量，后来被改为混合的能源/碳税，即含有60%的碳税部分和40%的能源税部分，其中能源税部分的计税依据是基于燃料的热量（MWh）而非含碳量。到了1997年1

月，对液体燃料和煤炭又改回到按二氧化碳排放量征收碳税。2011 年芬兰税制改革后，碳税再次改为混合的能源/碳税，并提高了税率。2013 年，碳税税率为 18.05 欧元/吨二氧化碳当量（或 66.2 欧元/吨碳）。目前，芬兰碳税税率为 84 美元/吨二氧化碳当量（运输业燃料）和 58 美元/吨二氧化碳当量（其他化石燃料）。2023 年，芬兰碳税收入为 17.07 亿美元。

（二）瑞典

为实现 2000 年的二氧化碳排放量保持在 1990 年的水平这一目标，1991 年，瑞典选择引入碳税，针对所有燃料油征收。瑞典在开设和征收碳税的过程中考量了许多因素。比如，基于对整个税制改革调整的考量，在开征碳税的同时，调低了能源税税率。又如基于保持经济发展活力和企业竞争力的考虑，对工业企业的适用税率进行多次调整，对能源密集型产业给予税收优惠等。1994 年，瑞典对税率进行了指数化，随后税率逐年上涨。2021 年，一般税率达到了 1200 瑞典克朗（约 114 欧元）/吨二氧化碳当量，这也是目前全球最高的碳税税率。为应对较高的能源价格，2022 年，瑞典的碳税税率与 2021 年持平。

（三）英国

为了实现减排承诺，英国于 2001 年开征气候变化税。气候变化税是面向特定能源的供应者征收的一项能源税，具体课税对象是供应给工业、商业、农业和公共部门的电力、煤炭、天然气和液化石油气。2007 年 3 月 31 日以前，气候变化税的税率是固定的，从 2007 年 4 月 1 日起每年随通胀率调高，2021 年适用的税率为电力每百万瓦时 7.75 英镑，天然气每百万瓦时 4.65 英镑，石油液化气每吨 21.75 英镑，煤炭每吨 36.4 英镑。

2011 年，在欧盟排放交易体系的碳价长期处于低位的情况下，英国宣布从 2013 年 4 月 1 日起引入最低碳价机制（Carbon Price Floor）。2013 年最低碳价设在每吨 16 英镑，到 2020 年上升到每吨 30 英镑。在此期间，如果 EU ETS 的成交价格低于政府规定的最低碳价，政府通过加征气候变化税碳价支持机制（Carbon Price Support）税率来弥补差额。

引入最低碳价机制的目的是鼓励低碳发电领域的投资。按原定计划，到 2020 年最低碳价将提高到 30 英镑/吨。然而，由于 EU ETS 的碳价大大低于最低碳价机制出台时的预期，如果坚持这一目标，最低碳价机制的运行结果将导致英国能源用户和国外能源用户在碳价上出现巨大且不断扩大的差距。这将导致英国企业的能源价格显著高于国外竞争对手，同时也提高了家庭能源账单。因此，在 2014 年，英国对最低碳价机制进行了改革，具体表现为调低最低碳价设定值，使其仅体现英国的政策目标。在 2016—2020 年间最低碳价被设定为 18 英镑/吨，以支持英国企业竞争力、抑制家庭能源账单增加，同时仍保持对低碳发电领域的投资激励。目前，该税率仍未调整。

（四）澳大利亚

澳大利亚在 2007 年 12 月正式签署《京都议定书》后，即开始制定长期减排的气候变化政策。2008 年，澳大利亚政府提出了"碳污染减排机制"法案，拟引入碳排放交易机制，但随着世界金融危机的爆发，受到了反对党和工业界的强烈反对，法案两次被参议院驳回。2011 年 2 月，澳大利亚政府再次提议引入固定价格的碳定价机制，到 2015 年 7 月 1 日再转为碳排放交易机制。2011 年 11 月 8 日，澳大利亚国会最终通过了包含碳定价机制的《清洁能源法案》。

按其计划，碳定价机制在最开始实施时采取的是固定价格的碳税形式，税率为 23 澳元/吨二氧化碳当量，2013—2014 年间税率进一步上升到 24.15 澳元/吨二氧化碳当量，随后在 2015 年 7 月 1 日将转为排放交易机制。CPM 覆盖了澳大利亚 60% 的二氧化碳排放量。

然而，在澳大利亚，社会各界对碳减排的政治争议极大，不像欧洲各国对此有着广泛的共识。《清洁能源法案》只是以微弱多数的形式通过，随后主要反对党自由党明确表示把废除碳定价机制作为他们的主要竞选政策。2013 年自由党领导的联盟赢得了选举，随后在 2014 年 7 月 CPM 被废除，同时原定于 2015 年开始逐步建立的碳排放交易机制计划也被取消。澳大利亚也由此成为全球第一个废除碳税的发达国家。

（五）墨西哥

墨西哥的碳税是生产和服务特别税下消费税，于 2014 年对生产者和进口部门销售和进口的化石燃料开征碳税，征税范围覆盖了本国温室气体排放量的 40%。对不同种类的燃料实行不同的税率，税率幅度在 10—50 比索/吨二氧化碳当量之间。与其他国家实行的碳税不同的是，墨西哥碳税并不是对化石燃料的碳含量征税，而是对因使用了天然气之外的化石燃料而额外产生的排放量征税。因此，天然气不在碳税的征税范围之内。企业被允许用国内 CDM 项目产生的碳信用来冲抵其碳税责任，目的是推动国内减缓项目的发展和碳交易市场的建立。2022 年 3 月，墨西哥宣布免除汽油和柴油的碳税，有效期至 2024 年底。

（六）日本

日本早在 2004 年就提出了碳税方案，在国内的争议中不断调整修改,直至 2009 年,环境省提出"地球温暖化对策税具体方案"。这一方案并不是开征一个新的税种,而是通过调整正在运行的石油煤炭税的税率达到与开征碳税同样的目的。然而,调整的过程并不顺利,由原本计划的 2010 年 4 月推迟到 2012 年 10 月。

日本碳税瞄准石油煤炭制品,税率在原石油煤炭税的基础上到 2016 年 4 月 1 日对石油煤炭制品征收 289 日元/吨二氧化碳当量的附加税。具体看,到 2016 年 4 月 1 日对石油和煤炭制品、天然气、煤炭的碳税税率分别为 260 日元/吨、260 日元/立方米和 230 日元/吨,对于日本进口和国产石油化学产品制造用挥发油等给予税收优惠。日本碳税收入在 2016 年达 2600 亿日元,碳税收入应用于节能、可再生能源等绿色发展领域,专款专用。

(七) 法国

法国开征碳税的历程比较艰辛,最初是 2007 年总统萨科齐首次提出增设"气候—能源"税(即碳税)的想法;2009 年,罗卡尔委员会提出了 2010 年开征碳税的提议,9 月萨科齐即宣布自 2010 年 1 月起在国内征收碳税,征税标准初步定为 17 欧元/吨二氧化碳当量。2010 年 12 月 29 日晚间,碳税法案即被法国宪法委员会以设计太多例外为由,宣布无效。2013 年,法国环境税收委员会发布关于开征碳税相关问题的讨论结果,随后,法国开征碳税进入快车道,并确认 2014 年开征碳税。法国碳税对汽油、柴油、重油、天然气和煤炭等化石燃料的消费征收,其附加在国内能源消费税之上,以改造原有能源税收的方式实施。碳税税率在 2030 年前分步提高,具体为:2014 年 7 欧元/吨二氧化碳当量、2015 年 14.5 欧元/吨二氧化碳当量、2016 年 22 欧元/吨二氧化碳当量、2017 年 30.5 欧元/吨二氧化碳当量、2018 年 39 欧元/吨二氧化碳当量、2020 年 56 欧元/吨二氧化碳当量、2030 年

100 欧元/吨二氧化碳当量。实际上，自 2018 年起，其税率基本固定在 44.6 欧元/吨二氧化碳当量左右。另外，法国的碳税计划在一定程度上被视为是 EU ETS 的补充政策措施，二者在范围上是互补的。

（八）葡萄牙

绿色税制改革被作为葡萄牙绿色成长战略的重要一环，其中，碳税是绿色税制改革的重要内容。葡萄牙的碳税于 2015 年 1 月 1 日实施，征税范围是 EU ETS 对象之外的企业碳排放，税率采用以前年度 EU ETS 拍卖价格的年平均值，2015 年的实际税率水平为 5.09 欧元/吨二氧化碳当量，2016 年为 6.67 欧元/吨二氧化碳当量；具体化石燃料的税率为：汽油在 2015 年和 2016 年分别为 11.56 欧元/1000L 和 15.15 欧元/1000L，柴油分别为 12.60 欧元/1000L 和 16.51 欧元/1000L，天然气分别为 0.29 欧元/GJ 和 0.37 欧元/GJ，LPG（运输用）分别为 14.77 欧元/t 和 19.36 欧元/t。

2018 年，葡萄牙规定碳交易体系下的燃煤电厂同样需要缴纳碳税，为促使财政政策与能源转型和脱碳目标相一致，葡萄牙政府正逐步取消某些化石燃料的碳税豁免，这也是其能源与石化产品税收政策的一部分。税收收入将用于脱碳和其他气候行动。由于葡萄牙当年碳税税率与前一年欧盟碳排放交易体系平均碳价相挂钩，2020 年葡萄牙全额碳税税率几乎翻了一番，从 12.74 欧元/吨二氧化碳当量（13 美元/吨二氧化碳当量）增至 23.619 欧元/吨二氧化碳当量（26 美元/吨二氧化碳当量），对于本国受欧盟碳排放交易体系约束的燃煤发电和热电联产设施，葡萄牙在为其计算 2020 年碳税时，是基于全额碳税税率和目标碳价（25 欧元/吨二氧化碳当量）之间差价的 50% 设定的，这就导致这些设施在欧盟碳排放交易体系碳价之外，还需额外承担 0.69 欧元/吨二氧化碳当量（1 美元/吨二氧化碳当量）的排放成本。对于欧盟碳排放交易体系覆盖范围之外的排放设施，葡萄牙政府从 2020 年起将分别按石油 25% 和天然气 10% 的碳税税率对相关发电设施进行征税。在这之前，这些领域都享受 100% 的碳税豁免。此外，政府也将重新评估其他领域的碳税豁免是否合理。为应对能源价格变化，葡萄牙的碳税税率被冻结在 2021 年的水平，原定于 2022 年初的价格调整也被推迟。

（九）加拿大

加拿大不列颠哥伦比亚省在 2008 年开征了碳税，征税对象是在本省范围内购买或使用的化石燃料（包括汽油、柴油、天然气、加热燃料、丙烷、煤炭和其他可燃物），2008 年 2 月 19 日，加拿大 BC 省公布 2008 年度财政预算案，规定从当年 7 月起开征碳税，即对汽油、柴油、天然气、煤、石油以及家庭暖气用燃料等所有燃料征收碳税，不同燃料所征收的碳税不同，而且未来 5 年燃油所征收碳税还将逐步提高。

最开始的税率为 10 加元/吨二氧化碳当量，随后每年提高 5 加元，直至 2012 年税率达到 30 加元/吨二氧化碳当量。从具体产品的税率来看，2008 年汽油适用的税率是 0.0234 加元/升，到 2012 年提高至 0.0667 加元/升；2008 年天然气的税率是 0.5 加元/GJ，焦炭的税率是 24.87 加元/吨。

开征碳税的主要目的是在不增加总体税收负担的同时鼓励低碳发展。因此，碳税被设计成收入中性的，碳税实现的收入通过减少个人和公司所得税、税收抵免等方式返还给居民。在多年运行后，碳税得到了公众的广泛支持，并在不损害经济增长的同时取得了显著的环境效果。有研究发现，从 2008 年到 2011 年，不列颠哥伦比亚省消费碳税应税品的温室气体人均排放量下降了

10%，而同期加拿大其他省消费相同来源的化石燃料的人均排放量仅下降了 1%。

2017 年 1 月 1 日，阿尔伯塔省正式开征碳税，成为加拿大第二个开征碳税的省份，征收标准为 20 加元/吨二氧化碳当量，并将逐年提高。

2018 年 6 月 21 日，加拿大通过了《温室气体污染定价法》。根据这一法案，在 2018 年 9 月 1 日前未能实施或计划实施符合联邦要求的碳定价措施的省份，将被强制执行联邦碳定价机制。这一机制包括两部分：碳税（被称为"联邦燃料费"）和基于产出的定价机制（被称为"大型行业的联邦定价机制"）。2018 年 10 月 23 日，联邦政府根据各省评估结果宣布，将从 2019 年 1 月 1 日起，在未达到联邦要求的安大略省、曼尼托巴省、新不伦瑞克省、爱德华王子岛和萨斯喀彻温省实行大型行业的联邦定价机制；从 2019 年 4 月 1 日起，在萨斯喀彻温省、安大略省、曼尼托巴省和新不伦瑞克省开征联邦燃料费。

2020 年 4 月 1 日，加拿大联邦燃油费从 20 加元/吨二氧化碳当量提高到了 30 加元/吨二氧化碳当量。为实现 2050 年净零排放的目标，2020 年加拿大政府还进一步公布了一项提高碳税的计划，从 2023 年开始，将加拿大的二氧化碳价格每年提高 15 加元，到 2030 年提高到每吨 170 加元。价格上涨将通过《泛加拿大框架》中的联邦机制实施，这意味着它们将适用于已经明确实施基于价格机制的省和地区，方法是征收碳税或实行混合的碳定价系统（包括对燃料征收碳税和针对工业排放企业实行基于产出的定价系统）。

由表 3-2 可知，从碳税征收范围看，大多数都是高收入国家，尤其是欧洲国家居多。从税率水平看，总体较低，各国分布差异巨大。据世界银行统计，截至 2023 年 3 月末，全球碳税税

率呈现不足 1 美元/吨二氧化碳当量（乌克兰）到 155.87 美元/
吨二氧化碳当量（乌拉圭）的巨大价格差异。碳税税率分布差异
巨大的主要原因是：不同国家的减排目标不同，且部分国家除碳
税以外，还有能源税或其他减排政策。国际货币基金组织预测，
为实现 2030 年 2℃ 的控温目标，每吨二氧化碳定价应在 75 美元
左右，而目前全球平均价格为 2 美元，与目标价格相去甚远。从
分配方式看，几乎全部碳税都以政府设定碳税税率的方式进行分
配，这一点与 ETS 有较大区别。

表 3 - 2　　　　部分国家（地区）碳税基本情况

国家/地区	起始年份	收入组别	价格水平（美元）	涵盖比例	覆盖气体	覆盖部门（个）	分配方式
芬兰	1990 年	高	83.74	0.36	CO_2	5	设定
波兰	1990 年	高	—	0.0375	全部	5	设定
挪威	1991 年	高	—	0.63	CO_2、CH_4、HFC、PFC	8	设定
瑞典	1991 年	高	—	0.4	CO_2	5	设定
日本	2012 年	高	2.17	0.75	全部	5	设定
英国	2013 年	高	22.28	0.24	CO_2	1	设定
法国	2014 年	高	48.5	0.35	CO_2	3	设定
墨西哥	2014 年	中上	3.79	0.44	CO_2	7	设定
葡萄牙	2015 年	高	—	0.4	CO_2	6	设定、抵扣
阿根廷	2018 年	中上	3.44	0.2	CO_2	5	设定
南非	2019 年	中上	8.93	0.8	全部	8	设定
新加坡	2019 年	高	3.77	0.8	全部	3	设定
荷兰	2021 年	高	—	0.52	CO_2、NO	4	设定

三、碳信用机制

所谓的碳信用机制，是指国际组织、独立第三方或者是由政府确认的，某一排放主体（企业或地区）以提高能源效率、降低污染或是减少开发等方式降低碳排放，并可以进入碳交易市场交易的碳排放计量单位。近年来，碳信用市场逐渐兴起，并成为除了碳交易市场和碳税之后又一快速发展的显性碳定价机制。主要的碳信用机制包括国际、国家（区域、地区）和独立三种。其中，国际碳信用机制由国际机构管理，如清洁发展机制（CDM）、联合履约机制（JI）等；独立碳信用机制通常由私人或者独立的第三方机构管理，如黄金标准（Gold Standard）、核证减排标准（VCS）等；国家（区域、地区）碳信用机制由辖区管理，如我国的温室气体自愿减排交易（CCER）。根据世界银行报告显示，经过两年的快速增长，碳信用市场在 2022 年有所放缓。尽管独立的碳信用机制仍是主导，但来自清洁发展机制（CDM）的发行数量激增，国际碳信用机制占全部碳信用机制的 30% 左右。国家（区域、地区）的碳信用机制规模相对较小，基本保持稳定。

（一）国际碳信用机制

清洁发展机制是国际碳信用机制的典型事例，是根据《京都议定书》建立的，目的在于促进发达国家和发展中国家在气候治理中的交流合作，降低发达国家履约成本，保障减排公约的有效达成。目前，参与国家有 82 个，覆盖农业、能源、林业、工业、制造业等多个领域。中国是最大的 CDM 东道国，也是受 CDM 影响最大的国家之一，在 CDM 中注册项目数量最多。

联合履约机制（JI）是《京都议定书》规定的三个灵活机制之一，是发达国家之间通过项目合作所实现减排单位（ERU）可以转让给另一发达国家缔约方的机制。

（二）独立的碳信用机制

黄金标准（Gold Stadard，GS）是由世界自然基金会和其他国际非政府组织联合建立的碳信用机制，用于为自愿参与碳减排活动签发碳信用，同时，也可以对清洁发展机制下核证减排量的社会影响进行补充认证。

美国碳登记（ACR）是世界上第一个独立自愿温室气体登记处。自成立以来，ACR 在服务范围以及服务区域上不断拓展。2012 年，ACR 获批作为加州限额碳排放交易市场的抵消项目注册机构以及早期行动抵消计划的服务机构，主要是为自愿碳交易市场和强制碳交易市场提供认证和信用签发服务。

其他代表性的碳信用机制还有气候行动储备方案（Climate Action Reserve）等。

（三）国家（区域、地区）碳信用机制

世界银行数据表明，目前，已经有 29 个国家（地区）实施了碳信用机制，有 8 个国家（地区）正在考虑或者开发该机制。当前，越来越多的国家（地区）正在考虑在国内（地区内）建立碳信用机制，将其作为 ETS 或者碳税的配合手段，以更好地促进碳减排。碳信用市场国际实践的大致情况如表 3-3 所示，可以看出，多数建立碳信用机制的国家（区域、地区）都有 ETS

或者碳税，但是因经济发展、市场发育情况不同，规模及价格具有显著区别。

表 3 – 3　　　　　部分国家或地区碳信用机制实践

机制	起始年份	收入组别	价格范围（美元/吨二氧化碳当量）（2020 年数据）	累计发放数量（千吨二氧化碳当量）
RGGI CO_2 抵消机制	2005 年	高	5	48
艾伯塔省排放抵消系统	2007 年	高	16—21	74160
埼玉森林吸收认证制度	2010 年	高	—	4
东京总量控制与交易计划	2010 年	高	1.62—8.12 美元/吨二氧化碳当量—超额减排量；43—58 美元/吨二氧化碳当量—可再生能源信用额	24000
埼玉县目标设定排放交易系统	2011 年	高	4（2019 年）	19600
西班牙 FES – CO_2 计划	2011 年	高	11.39	4197
英国林地碳信用	2011 年	高	—	8000
瑞士二氧化碳证明信用机制	2012 年	高	59—160	13720
加州合规抵消计划	2013 年	高	13.71	254287
北京林业补偿机制	2014 年	中上	2.1—9.28	200

续表

机制	起始年份	收入组别	价格范围（美元/吨二氧化碳当量）（2020年数据）	累计发放数量（千吨二氧化碳当量）
中国温室气体自愿减排计划	2014年	中上	1.5—3	78000
泰国自愿减排计划	2014年	中上	0.64—9.46	13975
哥伦比亚信用机制	2020年	中上	——	129700
重庆碳抵消机制	2021年	中上	——	550

四、碳税和碳交易市场的协调配合和多层次应用

随着碳税和碳交易市场实践的逐步推进，无论是理论还是实践上对于二者的功能作用都有了更深一步的认识，对二者协调配合及多层次应用问题认识也更加深刻。一方面，两种方式各有优点，另一方面，二者并不对立，通过协调配合可以放大碳减排效果。随着大量国家许下气候承诺，这些许下承诺的国家愈发意识到要实现所承诺的目标，创新政策手段，提高政策效果是重要选择。其中，碳税和碳交易市场协调配合以及连接碳交易市场在实践中开始变得常见。

（一）碳税与碳交易市场的协调配合

碳税和碳交易市场是国际流行的两种促进碳减排手段，理论上，二者的作用机制和效果并不相同，也有研究对二者是否可能

共存进行讨论。而大量实践表明，二者相互补充、协调配合能够更好地促进碳减排目标的实现。从各国（地区）实践看，目前二者的协调配合主要有两种模式，一种是针对覆盖范围的互补，另一种则是针对价格机制的互补。

1. 覆盖范围互补

在理想状态下，碳减排手段若能尽可能覆盖到所有排放主体，则更有利于实现碳减排目标。在实践中，行业、排放源、排放规模等差异大，使得使用单一的碳排放手段可能带来较大的总体效率损失。例如，目前并行碳税和碳交易市场的国家（地区），多将碳交易市场用于大的排放主体和排放源，而将碳税聚焦于小的排放主体和排放源，二者基于大小排放主体分工协调，既能扩大覆盖范围，又可避免同一主体负担过重问题。欧盟就是一个比较典型的事例，欧盟多国"雄心勃勃"的碳减排承诺促使其在发展和改革碳交易市场的同时，积极采取更多措施。其中，碳排放权交易体系和碳税兼用即是众多措施之一。从覆盖范围看，EU ETS 主要针对大工业部门、电力等大排放源，而对居民、小工业等在欧洲的二氧化碳排放量占据半壁江山的部门则征收碳税。目前，国际上流行的做法是将在 EU ETS 管制范围内的排放主体不纳入征收碳税的范围，如法国 2014 年开征的碳税主要针对天然气、石油和煤炭等化石燃料征收，葡萄牙在 2015 年针对 EU ETS 未覆盖部门使用的能源产品征收碳税。也有部分国家在实行 EU ETS 之前就已经开征碳税，一般而言，选择采用调整税法的方式，对相关主体的碳税责任予以免除，比如冰岛、丹麦等。

也有国家（地区）选择将碳税和碳交易市场共同覆盖同一个部门或者排放主体的。比如在 EU ETS 实行的第一阶段中，挪威的油气部门就已经在碳税的规制范围内，因此，未将油气部门纳入 EU ETS 规制范围内。在这一阶段，挪威主要将加工工业纳入 ETS，而它的二氧化碳排放量仅占挪威全部排放量的 10% 左右。进入第二阶段，挪威将原本就在缴纳碳税的电气、造纸等部门同时纳入碳排放权交易体系中，2012 年，挪威的国内航空业也被纳入"双重"规制的范围之中。除此之外，挪威的制造业只受 ETS 规制，热电、道路交通、渔业等部门只需缴纳碳税。

可以看出，从覆盖范围上看，实践上形式是多样的，需要根据国家（地区）的实际情形、减排进程、排放主体特点等多个维度进行考量和选择。

2. 价格机制互补

价格机制是碳税和碳排放权交易体系的另一个可以协调配合的作用点。碳税可以对碳排放设定一个固定的价格，属于价格调整手段。而碳交易市场规定排放总量，属于数量调整手段，其通过各类市场主体的交易形成一个非固定价格，这一价格受到诸多因素影响，当价格过高或过低时，均不利于碳交易市场发挥碳减排的作用，尤其是当碳价长期低迷时，价格信号将失灵，削弱各方的减排积极性，在这个时候，可以通过碳税将碳价固定在一个有利于促进减排的水平，避免政策失灵。英国在 2014 年实行的最低碳价机制就是这方面的典型事例。由于 EU ETS 的碳价经历过较长一段时间的低迷，影响英国的碳减排政策实施效果及实现碳减排目标进程。因此，英国引入最低碳税机制，在气候变化税外加征排放价格支持机制税率，以此使得碳价保持在一个可以发挥促进减排作用的水平上。除此之外，法国、荷兰也曾明确表示要推出或者已经实施类似机制。从这些例子可以看出，碳价在促进碳减排中发挥了重要作用，但由于各类工具的局限性，碳价往往偏离合意水平，尤其对以碳交易市场为主要碳减排手段的国家

（地区）而言，这种局限性更加明显，而碳税则可以将碳价固定在某一水平，恰好起到了协调、互补的作用。

价格机制的互补还可以有另外一种形式，即允许企业进行碳税或碳排放配额之间的交易，并可用以冲抵其纳税义务或减排义务。比如，负有缴纳碳税义务的企业可以多缴纳碳税，而超出其应纳税额的部分可以根据相应的规则折算成"碳排放抵免额"。同时，允许抵免额在市场中交易。同样，受到碳排放权交易体系规制的企业，也可以将从碳交易市场中获得的碳配额与负有缴纳碳税义务的企业进行交易。在这一过程中，无论是负有缴纳碳税义务的企业还是被碳排放权交易体系规制的企业，都有了更加灵活的交易方式，除此之外，更加充分地发挥了市场机制和价格信号的作用，对于促进碳减排更为有利。目前，这种形式尚未在任何国家的实践中出现，有个思路相似的例子，即墨西哥允许企业用国内 CDM 项目产生的碳信用抵充碳税责任。

（二）碳排放权交易市场的跨区域连接

在全球碳排放权交易体系的发展上，另一个新趋势是碳排放权交易市场的跨区域连接不断出现。不同的碳交易市场可以连接，从而创造出一个更大的、更具有流动性的市场。通过连接，某一个碳交易市场覆盖的企业可以购买使用另一个碳交易市场的配额来进行履约，也可以将自己的配额出售给另一个市场覆盖的企业供其履约。在市场连接后，会出现跨市场的自愿交易，进而使不同碳交易市场的碳价实现对接和趋同，创造出一个共同的市场和共同的碳价，减少因为不同碳交易市场碳价不同引起的竞争性扭曲和碳泄漏。通过市场连接扩大了碳排放权交易市场的范围和规模，还可以有效减轻由不可预期因素造成的配额价格冲击，从而减少配额价格的波动。

碳交易市场的连接，可以发生在横向的国家或地区之间，也可以发生在纵向的国家和地区之间。在实践中，这两种情况都存在。

早在 2011 年，日本的东京和琦玉两个城市的碳排放权交易体系就已实现了连接。

澳大利亚为充分利用好国际、国内两个市场，更进一步发挥好碳交易市场的作用，设计碳定价机制时就已经考虑与其他碳交易市场协调和衔接问题。在颁布的《清洁能源修正法案》以立法的形式保障了澳大利亚与其他国家的碳交易的对接的基础上，2012 年 8 月，澳大利亚与欧盟达成了连接协议。按照这一协议，澳大利亚 CPM 和 EU ETS 将于 2015 年 7 月 1 日进行对接，届时澳大利亚负有履约责任的主体将可以购买使用 EU ETS 的配额用于履行其 50% 的 CPM 责任。到 2018 年完成全面对接，两个体系将互认碳排放配额，并按相同的碳排放价格进行交易。遗憾的是，2014 年澳大利亚废除了 CPM，与 EU ETS 的衔接也随之烟消云散。

2014 年，美国加利福尼亚州和加拿大魁北克省的碳交易市场实现了连接。加拿大安大略省 2017 年实施的碳排放权交易体系的设计与加利福尼亚—魁北克省碳排放交易体系大体相似。2017 年 9 月 22 日，三地行政首长签署了一项连接协议，决定拓展已有的加州和魁北克省总量控制与交易体系连接市场，纳入安大略省体系。协议将于 2018 年 1 月 1 日生效。作为连接体系的一部分，三个司法管辖区的碳配额可以互相交易和用于履约。此外，三个体系还将实施配额联合拍卖。

2016 年，欧盟委员会与瑞士经过五年的谈判，通过初步协议连接双方的碳交易体系。瑞士碳排放权交易体系的排放量占欧盟排放交易体系覆盖排放总量的 0.3%，一旦完成体系连接，将可促使两个市场上的碳排放权价格向中间值靠拢，为瑞士和欧盟境内企业创造一个公平竞争的环境。2018 年初，欧洲议会和欧盟理事会批准了该项连接协议。2019 年 3 月，瑞士联邦院（瑞士联邦议会上院）和瑞士国民院（瑞士联邦议会下院）最终决定支持将瑞士碳交易市场与欧盟碳交易市场连接，自 2020 年 1 月 1 日起连接正式运行。

五、启示

目前，我国尚未设置碳税，碳排放权交易是我国主要的显性碳定价机制。2016 年 10 月，国务院关于印发《"十三五"控制温室气体排放工作方案的通知》中明确指出要启动全国碳排放交易市场运行，并对碳排放市场建设提出明确要求。实际上，在 2011 年开始，北京、天津、上海等地就陆续开展了碳排放权交易试点工作。截至 2024 年，无论是地区试点抑或全国性碳排放权交易市场，运行情况都较为良好。但我国的各类显性碳定价机制运行时间相对较短，仍存在许多尚待完善的问题。本节将结合显性碳定价机制的国际实践，提出如下启示。

（一）进一步优化碳排放权交易市场

我国碳排放权交易市场在顶层设计确实已经取得巨大进展，但不可否认的是，与成熟的碳排放交易市场相比，还有较大的优化空间。

1. 关于分配方式

在建立初期，为避免给企业造成负担，同时保持市场平稳，我国采用了免费配额的方式。从国际经验看，EU ETS 在开启之时，采用的是免费发放配额的"祖父法"；2009 年启动的 RGGI 采用的是免费发放与拍卖相结合的方法。在这些实践的基础上，不同国家和地区结合实际调整了分配方法，比如澳大利亚的固定价格购买法、新西兰的以行业为基准的混合配额法等。从国内实践看，我国在北京、上海等试点中也对碳排放配额进行有偿竞价发放做出了积极探索。将配额由免费配额向有偿分配过渡是全球碳交易市场的大趋势，我国也有"逐步推行免费和有偿相结合的分配方式"的计划和安排。因此，适时引入"免费 + 有偿"的分配方式是必然选择。可以在现有行业范围的基础上，逐步降低免费配额的比例，在进一步推进过程中，结合行业、价格机制、区域特点等设置有偿分配的参与方、比例和资金用途等细节，制定差异化方案。

2. 关于覆盖范围

纵观国际碳排放交易市场，不同的国家或地区对于覆盖行业和气体的选择并不相同，总体上呈现出气体和主体多样化的趋势。从覆盖气体看，部分国家或地区涵盖大多数甚至全部温室气体；欧盟、英国等涉及 3 种温室气体；日本、德国等与中国相同，仅涉及二氧化碳 1 种气体。从覆盖行业看，电力、工业、航空、交通运输等为各个碳排放市场纳入的主要行业。目前，在全国碳排放权交易市场仅覆盖电力行业，而在其他试点地区，覆盖范围不尽相同；从覆盖气体看，基本只包含二氧化碳（重庆市覆盖 7 种温室气体）。这与我国的减排目标及主要任务、经济发展阶段、不同行业的碳排放核算难度、碳交易市场发育程度等有关。目前，我国正在积极推进行业覆盖范围的"扩围"，将钢铁、建材、有色等行业尽快纳入其中。这符合碳交易市场发展的一般趋势，同样，也符合我国国情。

3. 关于市场活跃性

就目前来看，我国的碳排放权交易市场参与主体相对单一，尽管在规则上允许非履约机构和个人参与，但实际只有履约企业。另外，碳交易市场中的金融工具应用尚不充分。纵观国际经验，碳交易市场需要更广泛主体参与（个人和非履约机构）、更多金融工具（如碳期权、碳信托）等以增加碳交易市场的流动性。因此，在坚持碳交易市场作为控制温室气体政策工具的定位的前提下，增强碳交易市场的活跃性，以进一步提高工具的有效性。

除了以上问题外，我国碳排放权交易市场还有其他需要借鉴国际经验及地方试点经验之处，如对跨区域 ETS 连接及构建统一全国碳排放权交易市场（日本东京—日本埼玉的 ETS 相互联通、加拿大魁北克—美国加利福尼亚 ETS）、碳价格调控机制（比如通过设置价格限制、持仓限制等手段，以及定期审查等措施保障机制有效性和灵活性）等问题进行研究和优化。

（二）基于我国国情研究碳税开征问题

碳税作为显性碳定价的手段之一，通过与碳交易的协同配合，可以扩展政策调控范围并加大调控力度，从而更有效地发挥碳定价政策的作用。当前，对于我国是否开征碳税的争议较大。从国际经验看，既有又建立 ETS 又征收碳税的国家，相互补充，目的是将碳排放主体尽量覆盖，如欧盟各国，这一目的最为明显，诸多国家开征碳税是作为 EU ETS 的补充。当然，也有一些国家和地区是只开征碳税未建立 ETS 或反之。各国基于自身发展阶段和减排目标进行体制机制安排。综合来看，我国开征碳税需要回答以下几个问题：碳税是否属于我国双碳目标实现过程中的必要手段？在我国已经实施全国碳排放权交易市场并逐渐加大调控力度的前提下，是否需要碳交易与碳税两种手段并用？如何实现两者的协调？如何避免开征碳税和提高碳价对我国经济社会发展和能源安全等方面带来的影响？在能够有效解决上述问题的基础上，我国可根据实际情况合理决策碳税的开征时机、碳税的实现方式和制度设计等。本书将在最后一章对上述问题进行深度分析。

（三）促进政策协调配合

尽管从国际发展趋势看，越来越多的碳减排手段被开发并广泛应用，但政策工具箱并非越多越好，不同的政策目标、作用对象、作用机制和作用效果不尽相同，关键问题是如何选择好适合本国更好实现碳减排目标的政策以及做好政策协调配合工作，比如 ETS 和碳税相互补充、协调配合问题，又如协调好显性碳定价机制（比如 ETS、碳税等）和隐性碳定价机制（比如消费税等）问题。当前，我国初步建立起以碳排放权交易为主的显性碳定价机制，在这一机制内，还有全国温室气体自愿减排交易市场形成一定补充。从隐性碳定价看，我国建立起由环境保护税、消费税为主的绿色税制，并通过各类手段与显性碳定价机制共同发挥作用。然而，无论是针对这些机制本身，抑或机制之间的协调，仍有较多需要完善的问题，要结合经济发展、碳减排进程等及时调整优化。

（四）防范化解显性碳定价机制建设中的风险

在各类显性碳定价机制建设过程中，有诸多风险问题需要关注和防范，以保障各类机制的有效性。比如我国在以坚持碳交易市场作为控制温室气体政策工具定位的重要前提下，碳交易市场的金融属性将越来越强，根据国际实践，随着碳交易市场金融化越来越高，将会出现碳价波动风险、政策风险等问题。又如，我国作为世界上最大的碳排放国家，在国际碳交易市场占据重要地位。对于我国而言，无论是碳排放权交易市场抑或碳税，都尚未成熟，仍在进一步探索过程中。当前，诸如 OECD 等国际组织，试图通过碳减缓政策包容性论坛（IFCMA）等方式产生影响力，这不仅会影响我国显性碳定价机制的建设完善，还会影响到经济贸易。因此，我国要充分关注到各类风险问题。对内而言，要掌握好体制机制建设节奏，根据实际及减排需要，不断完善我国显性碳定价机制，尤其是发挥好政府在机制建设中的主导作用（比如欧盟在碳交易市场的建设过程中就充分发挥了欧盟的作用）；向外看，要在国际碳定价中积极发声，我国必须坚持在联合国的主渠道，站定"共同但有区别的责任"一贯立场的基础上做好政策储备。总之，要高度关注和防范其中的风险问题。

第四章
隐性碳定价的评估方法与展望

在 2021 年 G20 罗马峰会上，发达国家积极推动在 G20 财金渠道开展碳定价问题的讨论，并且希望将碳定价作为应对气候变化的主要政策工具。OECD 倡议在 G20/OECD 框架下建立"显性和隐性碳定价包容性框架"，解决国别间不同减排力度带来的国际溢出效应，降低欧盟碳边境税政策带来的冲击。虽然隐性碳定价已经成为财金渠道国际气候谈判的重大议题，但国内外对隐性碳定价的认识仍非常模糊。本章重点厘清隐性碳定价概念、核心要素和可能的评估方法，进而分析其实际应用中的难点，并对其未来发展趋势进行展望。

一、隐性碳定价的演进脉络

当前隐性碳定价已经从学术概念变为财金渠道上国际气候谈判的焦点，有必要对其可能的评估方法进行系统研究。

（一）隐性碳定价概念及产生背景

从前面的分析可以看出，显性碳定价在实践中至少遇到了两个困难：第一，包含公共部门在内的部分减排贡献并没有包含在显性碳定价框架内。第二，显性碳定价的"碳泄漏"问题难以解决，高碳价国家不愿意被低碳价国家搭便车。OECD 研究显示，如果欧盟单独采取减排措施，它的"碳泄漏"比例达 12%；如果整个发达国家都采取减排行动，"碳泄漏"程度不到 2%①。2021 年 8 月 4 日，OECD 秘书长科尔曼致信各国倡议设立"显性和隐性"碳定价的包容性框架。② 新倡议以碳定价为工具评估各国减排政策的效力和效率，为"碳泄漏"问题提供定量分析框架。

隐性碳定价是相对于显性碳定价的概念，是与显性碳定价和负向碳定价一脉相承的碳定价工具，指除碳交易市场、碳税等显性碳定价政策以外的，由气候变化减缓政策而产生的单位减排成本。隐性碳定价根据政策覆盖范围不同，又可分为狭义、广义隐性碳定价。

狭义隐性碳定价是指碳定价只包括与减排直接（或完全）相关的政策支出。目前国际前沿研究主要聚焦于能源领域减碳政策的狭义隐性碳定价研究。

广义隐性碳定价是指碳定价不仅包含与减排直接（或完全）相关的政策支出，还包括与减排间接（或部分）相关政策支出。其特点是政策效果并非全部体现在减碳上。例如，新能源车补贴政策既实现了减碳效果，也实现了产业振兴效果。因此，在关于广义隐性碳定价的研究中，确定各种政策减排贡献的权重系数和核算方法就非常重要。

学术界目前没有对广义隐性碳定价形成统一的认识。广义隐性碳定价与绿色支出核算存在部分重叠。在这方面做出探索的主要是 OECD "里约标记"③ 和欧盟《欧盟分类法》④。

---

① 碳泄漏 [J]. 求是，2010（04）：59.

② 这是 G20 "税收政策和气候变化"高级别税收研讨会跟进信函中的倡议。

③ 里约标记（Rio Markers）是评估发达国家履行《里约公约》资金义务而开发的，自 2010 年起，OECD 构建了包含应对气候变化减缓和适应的评价体系，开始评估各国气候治理财政支出。

④ https：//ec. europa. eu/info/business – economy – euro/banking – and – finance/sustainable – finance/eu – taxonomy – sustainable – activities_en.

（二）国际学术界对隐性碳定价的讨论尚处于初始阶段

2010 年 Vivid 经济和气候研究所出版报告，对中、美、英等国家低碳电力对应的隐性碳定价进行测算①。这是世界上最早使用"Implicit Carbon Prices"概念进行测算的报告。文章所指的隐性碳定价是电力系统所有减碳措施所产生的成本除以由这些措施实现的减碳量。截至 2024 年 2 月，SCI/SSCI 上隐性碳定价领域的文章共计十余篇②。目前隐性碳定价核算大多针对能源领域的低碳政策，表 4 - 1 对其中的标杆文献和主要结论进行了综述。

表 4 - 1　　　　隐性碳定价标杆文献和主要结论

（截至 2024 年 2 月）

作者/年代/期刊	研究对象	主要结论
Mareantonini, C 和 Ellerman, AD, 2015 ENERGY JOURNAL	德国可再生能源财政补贴政策	隐性碳价 = 可再生能源碳附加费与因可再生能源激励措施而产生的其他成本之和
Lin, WB 等, 2016 CLIMATE POLICY	中国风电和太阳能发电促进政策	隐性碳价 = 风光发电实际产生的减排效益除以按基准情景下的碳排放量

---

① Vivid Economics and The Climate Institute. (2010). The Implicit Price of Carbon in the Electricity Sector of Six Major Economies.

② 这里使用路透社 Web of Science 平台，检索时间 1990—2024 年，文献为 SCI 和 SSCI 核心期刊，检索关键词为 implicit carbon price，检索时间为 2024 年 2 月 28 日。

续表

作者/年代/期刊	研究对象	主要结论
King，LC 和 Jeroen C. J. M.，2021 CLIMATIC CHANGE	巴黎协定下的"碳泄漏"问题	需要国际社会探讨等效的隐性碳定价来解决"碳泄漏"问题
Carhart，M 等，2022 CLIMATIC CHANGE	能源领域减碳政策的隐性碳定价核算	基于显性、有效、负向和隐性碳定价的概念，提出了综合碳价及计算方法

Aldy 和 Pizer[1] 系统给出了显性碳定价、有效碳定价和隐性碳定价三种碳定价的概念和评估框架，用于比较不同国家减排政策等效性。文章指出，显性碳定价指的是碳税和碳交易市场等直接减排激励手段。世界银行对世界各国显性碳定价进行了详细评估，制作了碳价晴雨表[2]。Dolphin 等学者还研究了显性碳定价严苛指数，用于评价碳税和碳交易市场的严格程度[3]。

有效碳定价（Effective Carbon Prices）比显性碳定价覆盖面更广，指的是用于解释减少化石能源消费的各种价格机制。OECD 在 2016 年发布报告，定义有效碳定价是显性碳定价加化石能源消费税。OECD（2018）计算了 42 个国家（占全球排放的80%）的有效碳价格[4]。

---

① Aldy, J. E., & Pizer, W. A.（2016）. Alternative metrics for Comparing domestic climate change Mitigation Efforts and the emerging International climate policy architecture. Review of Environmental Economics and Policy, 10（1），3 – 24.

② World Bank.（2020）. Carbon Pricing Dashboard.

③ Dolphin, G., Pollitt, M. G., & Newbery, D. M.（2020）. The political economy of carbon pricing：A panel analysis. Oxford Economic Papers, 72（2），472 – 500.

④ OECD.（2018）. Effective Carbon Rates：Pricing Carbon Emissions Through Taxes and Emissions Trading.

负向碳定价（Negative Carbon Prices）指对温室气体有增量贡献的支出政策。一般化石能源的消费、生产和出口补贴是主要研究对象。

隐性碳定价进一步增加了低碳政策的核算范围。部分研究把低碳能源促进政策（比如补贴）的成本纳入计算。国际货币基金组织（IMF）对减排等效政策进行了一系列评估。例如，Coady等①提出了一种等效税收方法，将激励措施与基于空气污染和气候变化造成的损害进行比较。IMF 在其他报告中也提到了包括显性、隐性碳定价在内的气候政策的有效性和等效性②。

（三） 隐性碳定价与显性碳定价的区别与联系

隐性碳定价是指通过计算每吨碳排放量的等价货币价值得出的理论价格，旨在找出可以对比不同减排政策严格程度的通用方式。要估算政策的隐性碳定价，往往需要十分复杂的量化方法。隐性碳定价与显性碳定价的主要区别与联系可以归纳如下。

1. 主要区别

定价方式不同。隐性碳定价不直接对碳排放进行定价，而是通过其他政策或市场机制间接影响碳排放的成本。例如，通过设定能效标准、排放标准或绿色采购政策等来推动减少碳排放。隐性碳定价往往通过计算与给定政策工具相关的每吨碳排放量的等价货币价值，推导出政策的碳价格。而显性碳定价直接对碳排放

---

① Coady, D. , Parry, I. , Sears, L. , & Shang, B. （2017）. How large Are global fossil fuel subsidies? World Development, 91, 11 – 27.

② International Monitor Fund. （2019）. Fiscal Monitor: How to Mitigate Climate Change.

施加成本，通常由政府制定具体机制，并根据碳含量来确定碳排放的价格。

实施方式不同。隐性碳定价通常融入其他政策或规定中，如建筑或电器的能效标准、可再生能源目标等，不直接增加碳排放的成本，但会影响相关产品和活动的经济决策。显性碳定价通过明确的税收制度或碳交易市场来直接增加碳排放的成本，如碳税有明确的税率，由政府按照税率征收；碳交易市场则通过允许排放配额的交易给予碳排放明确价格。

效果可量化性不同。隐性碳定价效果相对难以直接量化和衡量，因为它通常是通过多种政策和市场机制的综合作用来实现的。显性碳定价效果更为直接和可量化，因为价格设定机制相对明确，并且可以通过市场价格信号来直接影响排放行为。

2. 二者的联系

首先，从减排目标来看，隐性碳定价和显性碳定价都是为了减少温室气体排放，以应对气候变化。其次，政策工具互补，隐性碳定价和显性碳定价可以作为政策工具相互补充，例如，一个国家可以同时实施严格的能效标准、管制政策、补贴工具等，与碳税或碳交易市场来共同达到减排目标。最后，二者都提供了一定的经济激励，鼓励企业和个人减少碳排放，推动绿色技术的创新和应用。

在国际层面，隐性碳定价和显性碳定价的讨论和实施都促进了全球减排合作和气候治理的进展。此外，相比于能效标准、清洁能源电价补贴等政策工具，国际上普遍较晚采用显性碳定价工具。其重要原因可能包括：一是较高的碳价对高碳行业形成较大冲击，短期内对物价、就业、经济增长产生负面影响，社会接受度较弱；二是只有在经济市场化程度较高、金融市场较发达的经济体，才可能建立较完善的碳交易市场，形成合理碳价；三是需要较强的碳核算和气候环境信息披露能力。

综上所述，隐性碳定价和显性碳定价在定价方式、实施方式和效果可量化性方面存在明显区别，但它们都是为了减少碳排放而设计的政策工具，可以相互补充，共同推动全球气候治理的进程。

二、隐性碳定价的核心要素与评估方法

根据以上概念的辨析，可知隐性碳定价的目标就是要对各国减排成本进行等效性评估。但隐性碳定价高只能体现综合减排单位成本高，未必等同于减排贡献大。根据相关文献初步判断，隐性碳定价包含以下五个核心要素：选择被评估的减排政策、减排量（Q）、减排支出总额（F）、政策合成权重（P）、汇率（I）。则隐性碳定价（IPC）可以由以下模型（1）表示：

$$IPC = \frac{\sum F_i \times P_i}{\sum Q_i} \times I \qquad \text{模型（1）}$$

（一）狭义隐性碳定价评估方法

在狭义隐性碳定价核算中，被评估政策均和碳减排直接（或完全）相关，因此合成权重 P＝1，狭义隐性碳定价可以由模型（2）表示：

$$IPC = \frac{\sum F_i}{\sum Q_i} \times I \qquad \text{模型（2）}$$

对于狭义隐性碳定价的评估方法，这里基于 Carhart，M 等①的算例展开讨论。在本算例中，选择被评估政策遵循了如下标准：第一，该政策对减少二氧化碳排放存在明确的边际影响；第二，存在可观察、测算的价格指数。本文将能源领域主要的减排政策与狭义隐性碳定价的关系列在表 4 - 2 中。

表 4 - 2　　以能源政策为例的狭义隐性碳定价政策评估范围

碳定价方法		对应政策	政策解释
显性碳定价	有效碳定价	碳税	定价型市场化减排手段
		碳交易市场	定量型市场化减排手段
隐性碳定价		化石燃料税	对汽油、柴油、煤炭和天然气等化石燃料征收消费税
	负向碳定价	化石燃料补贴	激励化石燃料生产、出口或消费的财政补贴
		能源结构政策	如可再生能源组合标准等。政策规定电网可再生能源要达到一定比例
		上网电价补贴	对可再生能源上网电价进行财政补贴
		能源低碳化利用	规定了化石能源消费的最低排放标准

根据表 4 - 2，"显性碳定价 + 隐性碳定价 - 负向碳定价"可以得到综合单位减排成本。但这种简单加总，得到的结果只能表示减排成本高低，并不能体现减排贡献大小。为了解决这一问题，Carhart 等定义了综合碳价。在该模型中，不仅计算单位减排支出，还要考虑政策的减排效果。该模型计算方法如模型（3）所示：

①　Carhart，M，Measuring comprehensive carbon prices of national climate policies. Climate Policy（2022）.

$$综合碳价 = \sum 综合单位减排成本 \times (该政策的减排量 \div 国家$$
$$总排放量) \qquad 模型（3）$$

如图 4-1 所示，按 2019 年美元不变价计，模型（3）计算结果显示，占世界总排放 82% 的 25 个国家的国际平均综合碳价在 2008—2010 年维持在 10 美元左右，在 2011 年出现短暂下跌后持续上涨，到 2019 年国际平均综合碳价超过 19 美元。这与 IMF 建议的国际碳价下限组合（发达经济体、高收入新兴市场经济体、低收入新兴市场经济体分别为 75 美元/吨二氧化碳当量、50 美元/吨二氧化碳当量和 25 美元/吨二氧化碳当量）还有很大差距。当然，由于算例只包含狭义的隐性碳定价，其他间接减排措施并未包含在内，可能对结果存在一定程度的低估。

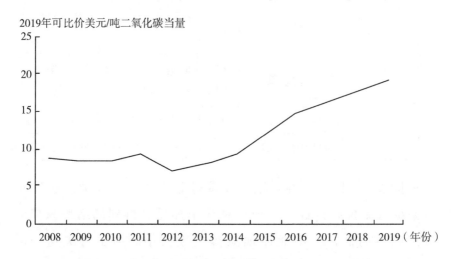

2019年可比价美元/吨二氧化碳当量

图 4-1 2008—2019 年世界平均综合碳价变动趋势

资料来源：Carhart, M. 等. Measuring comprehensive carbon prices of national climate policies. Climate Policy, 2022.

如图 4-2 所示，中国、美国和印度等排放大国的综合碳价处于中等偏下的位置，其中伊朗、沙特、巴西等国家综合碳价为负数，表示该国的减排支出低于化石能源补贴，源自化石能源消费的碳排放存在正收益。综合碳价较高的国家主要为欧盟国家。

2019年可比价美元/吨二氧化碳当量

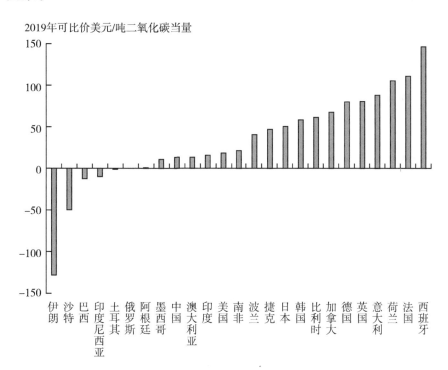

图 4 - 2　25 个主要排放国综合碳价对比（2019 年）

资料来源：Carhart, M. 等. Measuring comprehensive carbon prices of national climate policies. Climate Policy, 2022.

继续分析综合碳价的组成结构。以中国、美国、印度、日本、德国、韩国和伊朗这七个排放典型大国为例，如图 4 - 3 所示，在中国，隐性碳定价的主要组成部分是上网电价补贴和化石燃料税，显性碳定价（主要是碳交易市场）占比极低。中国的化石燃料补贴存在一定负向贡献，但总体不大。美国的隐性碳定价政策种类比较多样，但主要贡献还是来自化石燃料税，其他政策贡献很低。其他国家，如印度、日本、德国、韩国等，隐性碳定价的主要组成部分都是化石燃料税，且隐性碳定价远高于显性碳定价（其中只有日本实行的是碳税）。

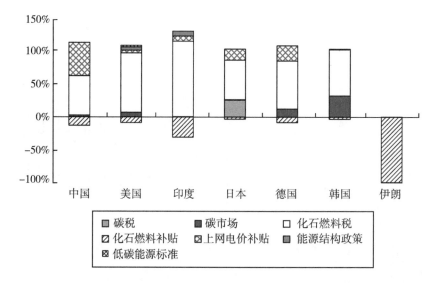

图4-3 七个主要排放国家隐性碳定价等因素在综合碳价所占比例

资料来源：Carhart，M. 等. Measuring comprehensive carbon prices of national climate policies. Climate Policy，2022.

（二）广义隐性碳定价评估方法

由于很多国家实施的应对气候变化政策并不直接与碳减排相关，或者相关政策并没有清晰的价格信号，因此狭义隐性碳定价评估并不能完全涵盖世界各国的减排等效成本。前文提到，区分广义和狭义隐性碳定价的关键点在于政策覆盖面。当覆盖到间接减排政策时，各类政策的减排贡献权重就不能简单取1。可见，政策选取范围和政策权重是广义隐性碳定价评估方法的核心要素。

第一，政策选取范围。世界银行、欧盟等组织都试图在广义隐性碳定价上突破。世界银行2021年5月发布的《碳定价机制发展现状与未来趋势报告2021》中提出政府和私营部门都可以参与到碳定价，碳定价工具应当包括广泛的激励政策，并将能源效率提升政策包含在内。

除了能源效率政策之外，广义隐性碳定价还可能包括新能源车和其他用能设备的投资与补贴、建筑能效提升标准等正向政策，以及在各种工程项目中的投资与补贴政策造成的负向减排政策（例如公路建设项目中对水泥消费的补贴）。这些政策虽然完整包括了各国在应对气候变化方面的努力，但显得过于庞杂而难以计量，同时又与气候财政支出产生部分重叠。2020年3月欧盟发布的《欧盟可持续分类法》，或可为广义隐性碳定价政策范围提供一定指导。

第二，政策加权方法。OECD曾经借用里约标记法进行绿色支出核算。OECD"里约标记"开发于1998年，原本用来计量发达国家履行《里约公约》义务，为保持生物多样性和应对气候变化所支付的财政资金①。2010年起加入对气候变化适应性资金的审计方法。自此，里约标记法成为OECD评估应对气候变化财政支出的重要工具。里约标记法将应对气候变化政策分为三级，0级表示该政策与气候变化减缓和适应无关，1级表示气候变化减缓和适应的重要（Significant）政策，但不是根本（Fundamental）驱动因素，2级表示气候变化减缓和适应的首要（Principle）政策，该政策的设计目的就是应对气候变化。例如，欧盟曾设定权重0级政策标记贡献为0，1级贡献为40%，2级贡献为100%，三者加权合计就是应对气候变化的支出。若按照里约标记法计算，每单位碳排放导致的加权支出就是"广义隐性碳价"。

---

① 联合国，https：//dev－chm. cbd. int/rio/？ lg＝zh，访问时间：2024/02/01。

三、隐性碳定价的要义、应用难点及可能的应用价值

（一）隐性碳定价研究背后体现国际气候治理话语权之博弈

OECD 倡议构建"显性和隐性碳定价包容性框架"的目的之一，美其名曰是将各国气候政策进行盘点和分析，推动国际比较和政策协调，实则是为抢占国际气候治理话语权做舆论和方法准备。

OECD 推动包含隐性和显性碳定价的"有效碳定价"。OECD 认为，碳税、碳排放权交易等是显性碳定价手段，清洁能源补贴、化石燃料税等是隐性碳定价手段，两者相加才是真实碳价格。OECD 声称，在各国之间推动"有效碳定价"的评估和比较工作，是避免因欧盟碳边境调节机制爆发国际贸易争端的良好手段①。OECD 等国际组织的有关倡议可能推动减排责任扩大至发展中国家，最终为发达国家抢抓规则主导权服务。

（二）隐性碳定价评估及应用难点

即便抛开难以用价格衡量的行政性减排手段，就各国现行的税收、财政补贴、金融等碳减排经济政策体系而言，为其设定统一框架进行等效性评估仍然非常困难。应用难点主要体现在以下方面。

1. 如何体现政策的导向性和差别性

我国现行促进碳减排的手段，其政策导向较为明晰。同时，

---

① https：//www.ft.com/content/334cf17a-e1f1-4837-807a-c4965fe497f3。

同一类别的碳减排政策在具体实施时又有所不同。比如对新能源汽车实行补贴退坡制，对符合政策导向的技术革新则进行持续性补贴，这种细微的差异及变化是难以用价格机制体现的。

2. 如何区分减排效应和经济效益

在实践中，碳减排经济政策往往与产业政策相伴，导致其既有减排效应，又有经济效益，而只有前者可以归属于隐性碳定价范畴，如何将经济效益剔除是难题。如一些发达国家对新能源产业的资金支持，在促进本国能源转型的同时获得来自全球的经济收益，目前尚未有可行方法将二者区别开来。

3. 如何协调多种政策取向

碳减排政策牵涉多个部门，隐性碳价涵盖的政策手段多种多样，并且涉及财政、税务、发改、能源、环保、卫生等多个部门。国家治理和全球治理包括多个方面，不能仅从应对气候变化这一个角度看待政策效果。比如，欠发达地区公路建设可能增加了碳排放，但也带来了社会福利的整体改善。有些发展中国家还面临严峻的减贫任务，其减排政策和努力程度，不仅涉及环境问题，更关系到其发展权益与成本。

（三）可能的应用价值

1. 对隐性碳定价的分析和研究，有利于推动一国将气候目标变成气候行动

有多篇文献指出，旨在达到有效碳价格的最低水平的政策行动可以加强各国政府在气候政策方面的能力和雄心，可以缩小当前气候政策与实现巴黎协定的温度目标所需的气候政策之间的差距①②。

对隐性碳定价的分析和研究有利于创造一国内部的减碳政策协同效应。多方面的减碳政策行动可以帮助各国政府实现内部资源的梳理，从而确定明确的减碳实施方案。将行动集中在有效的碳定价上，扩大了参与气候变化政策辩论和设计的政府机构范围，有可能在拥有不同职能的团队和机构之间创造新的协同效应。例如，实施碳税、能源税和改革化石燃料补贴的经济作用机制在许多方面是相似的，因为这些措施都增加了消耗化石燃料的价格。

如何扩大已有减碳政策的有效性，不仅与从事实施碳税和碳交易市场的单一部门有关，而且涉及参与实施其他广义碳定价政策的多个部门。一国国内对隐性碳定价的研究和分析行动可以在这些部门之间创造合作——产生新的协同效应。以有效碳价评估为重点的政策行动可以使诸多部门更直接地参与气候变化政策。

而多部门共同参与有关有效碳价的政策行动，很可能会加强气候变化政策效果。原因在于：第一，在制定政策和推动政策议程方面，内部部门比环境部门或独立机构经验更丰富，他们的参与可以使国内层面产生更多的雄心。第二，各部门共同控制预算，将显著地影响与气候有关的政府支出，提升财政支持政策的有效性。第三，鉴于其地位差异，对接国际财经领域的部委也比

---

① Goran Dominioni（2022）. Pricing carbon effectively：a pathway for higher climate change ambition, Climate Policy, 22：7, 897 – 905.

② Bachus, K., & Gao, P.（2019）. The use of effective carbon rates as an indicator for climate mitigation policy. In M. Villar Ezcurra, J. E. Milne, H. Ashiabor, & M. S. Andersen（Eds.）, Environmental fiscal challenges for cities and transport（pp. 226 – 240）. Edward Elgar Publishing.

环境部门更适合于促进国家或国际一级的气候协调行动，例如，成立或参加一个国际气候俱乐部。第四，参与气候政策的部门越多，应对气候变化的内部能力就会越强，例如，创建一个具有气候变化政策专业知识和背景的团队，可能会增加各部门对气候变化政策设计和实施的参与。

2. 推动国际社会承认显性碳价之外的其他减碳政策工具的碳价"当量"效果

隐性碳定价所包含的减碳政策工具在中国等广大发展中国家的使用非常普遍，但这些工具的减碳努力和效果并没有被碳边境调节机制（CBAM）所承认。目前 CBAM 的设计主要基于显性碳价的国别差异，而不考虑其他减碳政策的碳价当量，很可能严重高估了"碳泄漏"程度，从而过度"惩罚"了许多发展中国家。因此，需要探索建立一个分析框架，将其他减碳政策转化为等量的"隐性碳价"，并合理估计在不同发展阶段的国家可以承受的广义碳价（即显性 + 隐性碳价总水平），在此基础上重新考虑 CBAM 的机制设计。在某种程度上说，隐性碳定价的研究将为更严格地评估不同政策方案的有效性与成本效益奠定基础，并最终改善减缓气候变化政策的国际协调，让更多民众支持更为一致的国际方案，从而有助于促进为维护公平竞争环境、避免新的贸易措施而进行的讨论与合作。

3. 有利于各国建立基于国情的差异化的政策组合

在 2050 年前后实现净零排放意味着能源的应用技术需要系统性变革，但是仅靠碳定价是无法实现的。因此，应该采用多种碳减排工具，包括具有立即减少碳排放潜力的办法（如逐步淘汰煤炭），以及其他可能从长远、根本上改变能源利用系统的办法。

与单一碳定价工具相比，碳定价与非碳价工具的政策组合更为合理，因为这样可以减少由于高碳价导致的负面分配效应。

隐性碳定价通过计算与给定政策工具相关的每吨碳的等价货币价值，为比较不同减排政策的严格程度提供了一个通用的方法。这有助于各国根据自身国情，选择最适合的减排政策组合。此外，隐性碳价格是需要单独计算的，它能够反映出政策对碳排放的实际影响。通过隐性碳定价研究，各国可以更加准确地评估其减排政策的实际效果，从而根据评估结果进行调整和优化。隐性碳定价研究有助于各国理解不同政策工具在本国的适用性和效果，从而支持差异化政策的制定。

四、隐性碳定价的研究展望

隐性碳定价未来可能将在 G20 财金渠道继续讨论。讨论的关键点可能包含减排政策覆盖范围、减排政策合成权重系数、减排贡献的基线如何确定以及监督核算机制设计等。需认识到隐性碳定价实际上涉及各类正向和负向的气候变化支出，披露范围对国内政策制定影响较大。评估方法的研究展望如下。

第一，将隐性碳定价的增量研究拓展到存量研究。二氧化碳本身并不是污染物，只有当大气圈二氧化碳浓度达到一定程度后才对人类经济社会产生影响。隐性碳定价主要解决的是以碳排放增量为基础的国际"碳泄漏"问题。但发达国家已经对发展中国家形成了大量的历史"碳泄漏"。隐性碳定价应当拓展合适的方法，将碳排放增量和存量及与之相对的减排努力统一纳入评估框架。

　　第二，将隐性碳定价的一国政策评估拓展到对国际承诺兑现的盘点。隐性碳定价要做到真正的"包容性"，就不能仅聚焦于单一国家对本国减排责任的落实，还应当拓展到国际承诺兑现上。例如，发达国家做出的每年 1000 亿美元资金转移承诺本应于 2020 年前兑现，但第 26 届联合国气候变化大会再次将其延期到 2023 年。发达国家集团有承诺不兑现，在政策评估时应按负债处理，对其减排贡献所对应的隐性碳定价有相应的折抵。

　　第三，隐性碳定价既要能体现发展阶段的"包容性"，还要能体现发展目标的"包容性"。从方法上看，目前隐性碳定价对发达和发展中国家采用同一评价参数，没有体现对发展阶段的"包容性"，也不符合《巴黎协定》第二款引导减排资金从发达国家向发展中国家流动的理念。此外，隐性碳定价评估方法不足以体现对发展目标的"包容性"。应当提出合理的处理方式，将政策的其他福利和影响正确评估加总，不能因某项政策不利于应对气候变化，就以隐性碳定价为工具全盘否定，也不能因为某项政策部分有利于应对气候变化，就不剥离政策带来的其他好处，将其全部支出都计入隐性碳定价评估范围内。

第五章
碳边境调节机制的实践进展

为尽可能减少各国或者各地区政策执行差异所导致的"碳泄漏"问题，碳边境调节机制应运而生。碳边境调节机制的雏形早已有之，比较典型的有边境税收调整措施（Border Tax Adjustment，BTA）、边境调节税、边境调节机制、碳边境调节措施、碳关税等。当前，首先落地碳边境调节机制（以下简称"CBAM"）的是欧盟。本章围绕碳边境调节机制的形成背景、欧盟及美国等主要国家（地区）与碳边境调节机制相关的实践进展以及中国面临的挑战和应对进行探讨。

一、碳边境调节机制的形成背景

（一）全球应对气候变化风险及减排目标的提出

2023 年 11 月，世界气象组织（WMO）发布的《温室气体公报》显示，2022 年大气中吸热温室气体丰度再次创下新高，而且上升趋势看不到结束的迹象，其中，最为重要的二氧化碳的全球平均浓度首次比前工业时代高出 50%。同时期由《联合国气候变化框架公约》（UNFCCC）秘书处发布的最新报告《〈巴黎协定〉下的国家自主贡献》指出，如果各国提交的最新自主贡献得以实施，预计到 2023 年全球温室气体排放量比 2010 年增加约 8.8%，比 2019 年降低 2% 左右。这与实现到 20 世纪末将气温上升限制至 1.5℃ 目标所要达到的到 2023 年温室气体排放量必须比 2019 年减少 43% 相去甚远。联合国政府间气候变化专门委员会（IPCC）指出，全球升温 2℃ 所带来的影响将远超预期。在现实中，由于全球气候变暖，自然巨灾频发，极端天气发生的频率和强度不断增加，其对经济社会发展带来的影响愈加深远。

世界各国早已意识到气候变化带来的风险。从国际社会看，世界各国和地区通过《联合国气候变化框架公约》等机制促进沟通和协调，设置承诺，互相监督，共同应对风险。从单个国家或地区个体看，已经有不少国家和地区就"降碳"展开了不少的尝试和努力，通过提出减排目标、制定和落实政策措施等手段以降低气候变化带来的风险和影响。一个比较典型的事例是欧盟，以欧盟为首的发达经济体先后提出《欧洲绿色新政》等重要纲领，试图通过政府规章、法令、草案等各种手段和形式推动"碳中和"计划。

（二）降低碳排放目标下的国际竞合关系加速演变

为应对气候变化风险，实现自身的气候目标，世界各经济体积极采取措施促进本国（地区）碳减排。诸如碳交易市场、碳税、消费税、能源税、资源税等措施被广泛应用。当前，不同国家和地区执行着不同的"脱碳"策略，甚至是不同企业间受到策略影响程度不同，致使不同地区、经营主体所承担的成本有差异。当一国或地区的气候目标高于其他国家或地区，就存在"碳泄漏"的较高风险，这会削弱全球的减排努力。由于"碳泄漏"问题不仅会影响气候治理措施的有效性，还会导致严格执行"脱碳"政策的国家或地区产品竞争力大打折扣，因此，受到国际社会广泛关注。为维护国家或地区本土利益，同时提升气候治理措施效果，碳边境调节机制应运而生。

目前，美欧等发达经济体希望通过碳边境调节机制保护其国内产业，防止出现"碳泄漏"。CBAM 的核心思想是在国际贸易中使用温室气体排放量作为计价单位，结合碳价差，由进口国向原产国征收碳排放关税。这样做是将进口商品的碳成本内部化，以保护进口国产品的竞争力，并激励出口国加强减排措施。CBAM 在原理上可以防止"碳泄漏"，促进全球减排，保护本国产业，以及引导消费者向低碳选择转变。欧盟是最先落实 CBAM 机制的地区，2023 年 5 月，欧洲议会和欧盟理事会作为联合立法者签署了最终版《碳边境调节机制条例》，该条例设置了机制的过渡期，并规定 CBAM 于 2026 年正式运行。然而，CBAM 饱受国际社会争议。欧盟的 CBAM 条例在签署前经过了多番的搁置和再讨论，包括美国、俄罗斯等在内的欧盟贸易伙伴对这一机制提出质疑，认为其与世界贸易组织（WTO）规则、国际气候协定不兼容。CBAM 同样受到广大发展中国家的反对，理由包括确保公平性、避免贸易争端、建立国际合作机制等。

欧盟 CBAM 是世界上第一个生效的碳关税法案，为全球碳关税政策确定了基准。包括美国、英国、日本在内的多个发达国家已经在跟进研究或考虑出台 CBAM。

（三）全球经济增速放缓及缓慢复苏成为碳边境调节机制落地的催化剂

根据 IMF2024 年 1 月发布的《世界经济展望》，2024 年的全球经济增速预计为 3.1%，2025 年则为 3.2%，虽与之前的预测值相比略有上升，但仍低于 2000—2019 年 3.8% 的历史平均值。受新冠疫情和需求疲软的影响，全球经济增速放缓，仍在恢复进程中。

一些碳减排措施在设立之初就饱受国内（地区内）争议。比如，一直以来，欧盟都被认为是落实碳减排行动的先行者，其减排措施强度较大、执行相对严格。这些措施不仅推高高碳排放企业的生产成本，致使承担较高生产成本的企业迁出欧盟，而且还使得处于减排政策相对宽松地区的企业所生产的产品涌入欧洲市场，占领市场份额，因此，引发欧盟内部的争议。在全球经济增速放缓、恢复缓慢的背景下，这些争议进一步被放大。一些高排放企业及所属行业协会以存在"碳泄漏"和维护竞争公平为由，对放宽对高排放企业的免费限额的呼声越来越高。另外，欧盟特别峰会也通过设立"恢复基金"等方式以助推各成员国疫后重建。而这些因素都成为欧盟碳边境调节机制加速落地的催化剂。碳边境调节机制，一方面，在理论上具有缩小本土与其他国家或地区产品成本差异的作用，由此可以维护本土产品的竞争力，平衡各个利益集团的利益，激发经济主体的活力；另一方面，能够增加财政收入，缓解财政收支矛盾，所得收入也可以用于支持绿色发展、促进经济恢复。

可见，全球经济放缓以及缓慢复苏虽并非碳边境调节机制落地的决定因素，但确实是催化剂，除了避免"碳泄漏"外，其越来越多的作用被强化。

二、碳边境调节机制的实践典型：欧盟 CBAM

2023 年 5 月 16 日，欧盟正式公布了 CBAM 法规。欧盟 CBAM 是应对气候变化一揽子计划"减排 55"（Fit for 55）的关键组成部分。该计划的总体目标是到 2030 年将欧盟温室气体净排放量减少55%。同时，CBAM也是欧盟委员会为"下一代欧盟"① 预算方案提供资金的重要渠道。欧盟CBAM主要与欧盟碳交易市场（European Union Emission Trading Scheme，EU ETS）相连接，欧盟CBAM对第三国进口商品征收与EU ETS同类产品形成的碳价差额，以保持欧洲生产商相对于外国生产商的竞争力，防止"碳泄漏"。欧盟CBAM已于2023年10月开始其过渡期并实施相应条款。

（一）主要目标

1. 应对"碳泄漏"，维护本土产品竞争力

欧盟一直是应对气候变化的主要倡导者。在实际政策制定中，欧盟相当倚重碳定价机制。在减排55%的总体目标框架下，欧盟不断对其碳交易市场进行调整。在2023年5月公布CBAM之前，EU ETS的碳价已经达到100欧元/吨，给欧盟政策覆盖范围内的高碳企业带来较重负担。这将导致两个问题：一是欧盟高碳制造业部门很可能外流，主要流向碳排放法规相对松散的地区；二是国外高碳产品取得了相对更强的竞争力，会冲击欧盟本土制造业。因此，欧盟从一开始就希望用CBAM保护其产业竞争力，这也是推出CBAM最主要的目标之一。

2. 增加财政收入

欧盟CBAM一旦实施，对进口产品所加征的关税本身也会成

---

① "下一代欧盟"预算方案指"Next Generation EU"，该方案计划到2026年为欧盟发行8000亿欧元债券，是用于支持欧洲从新冠大流行中恢复并迈向数字化、绿色化的临时性恢复工具。

为欧盟税收的来源之一。近年来，法国、德国等多个成员国一直期望拓宽收入来源渠道以实施经济复苏计划，欧盟遂动议开征不可回收塑料税、数字税等多个税种，筹备已久的CBAM机制也包括在内。在欧盟看来，包括"下一代欧盟"（Next Generation EU）和新冠疫情复苏计划等经济刺激计划，都需要包括CBAM在内的政策措施来筹集资金，特别是近年欧盟成员国利率逐渐抬高，相关经济计划对资金的需求变得更加迫切。

3. 增加国际气候治理的影响力和话语权

尽管从表面上看，CBAM是为了避免"碳泄漏"和维护本地产品竞争力而设置的，但其背后的政治目的也不容小觑。CBAM所涉及的核算方法、征收标准等都将在气候治理领域产生广泛影响力，欧盟试图通过推行CBAM抢占"碳关税"制定规则的话语权。除此之外，CBAM是典型的忽视减排责任的做法。当前，国际贸易流向多以发展中国家将高碳产品出口至发达国家为主，不仅承担环境成本，还要承受"碳关税"，这表明，发达国家正在通过加强在国际气候治理中的影响力和话语权的方式，再次加剧发展中国家和发达国家在减排责任上的不平衡。

（二）立法进程

欧盟CBAM的立法进程相对坎坷，实际上，早在2007年，欧盟就提出了碳关税的相关概念。直到2019年12月，以欧盟委员会发布《欧洲绿色协议沟通成果》首次提出计划2021年将在部分工业部门设立CBAM为标志，欧盟CBAM进入了加速通道。欧盟在2020年3月开始政策评估工作，并于2020年7月22日至2020年10月28日进行了CBAM公众咨询。

由于存在不同立场和角度，CBAM 在设计的过程中就在欧盟内引发激烈的讨论。围绕可能与世贸组织规则存在潜在冲突，2021 年 2 月 5 日，欧盟环境、公共卫生和食品安全委员会通过了题为《建立一个与世贸组织兼容的欧盟碳边界调整机制》的报告。2021 年 7 月，CBAM 第一版草案发布，同期该草案开始向欧盟的国际贸易委员会、预算委员会、经济委员会、工业、研究与能源委员会和内部市场和消费者保护委员会等征求意见①。围绕产业覆盖范围和抵消机制，2022 年初，环境委员会提出只认可原产国碳税、碳交易市场等显性碳定价政策的 CBAM 抵消作用，而新能源补贴、燃油消费税等间接减排财税政策不能抵扣 CBAM。环境委员会还将 CBAM 管辖范围扩大到有机化工、塑料和制氢部门，同时包含直接和间接排放。最关键的是，有关方案还欲对欧洲碳交易市场免费配额机制"动刀"，即如果对进口商品无差别征收碳边境税，同类型的国产商品就不应该再享受免费配额待遇，认为 EU ETS 免费配额早一天停止发放，CBAM 就早一天全面生效。因此，CBAM 支持派提出免费配额从 2025 年开始递减，2028 年完全取消的激进方案，比欧盟委员会第一版方案中的最后期限 2036 年提早了 8 年。

经过欧洲议会、欧盟理事会和欧盟委员会的三方会谈和几次投票表决后，2023 年 5 月 16 日，欧盟在行业范围、免费配额取消进度、间接排放等问题上回退到了 2021 年 7 月版本，推出了相对缓和的最终定案。具体进程如图 5 - 1 所示。

---

① 以上委员会是欧洲议会（European Parliament）内的各委员会（Committee），各委员会根据其所在领域提出相应的议案。

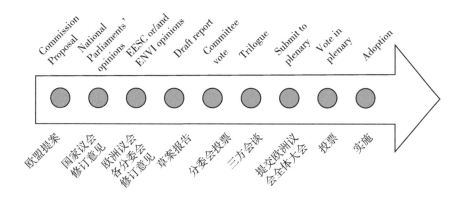

图 5 - 1　欧盟 CBAM 立法进程

（三）核心要点

1. 实施进程

欧盟 CBAM 法案已于 2023 年 10 月生效，并将 2023—2025 年设置为过渡期，过渡期内进口企业只承担数据报告义务。2024 年 1 月 31 日应为首次填报的截止日期，在截止日期之前，欧盟税务和关税同盟总局就 CBAM 过渡期填报发布可申请延迟提交的公告。从 2026 年 1 月起，CBAM 开始正式运行，进口商需根据其进口产品蕴含的碳排放量支付碳边境调节费用，同时欧盟将逐步取消碳交易市场的免费配额，至 2034 年免费配额将全面取消。尽管 2026 年欧盟 CBAM 开始正式征收，但要到 2034 年才开始征收全款。

2. 调节价格

调节价格 = 进口产品的"内涵碳排放"（或"隐含碳"）× 进出口国碳价差。隐含碳：商品从原料的取得、制造、加工、运输，到成为消费者所购买的产品这一过程中所排放的二氧化碳。

碳价差：只承认原产国的碳税、碳交易市场等显性碳价，不承认新能源补贴、燃油消费税等隐性碳定价措施。

3. 核算范围

直接排放＋间接排放（主要指产品生产过程中耗电量产生的间接排放）。

4. 覆盖范围

欧盟 CBAM 将覆盖所有没有加入 EU ETS 的国家，这引起了美国政策制定者的担忧。欧盟 CBAM 目前涉及的行业包括水泥、钢铁、铝、化肥、电力和氢气，2030 年将会作出调整，最终目的是至少包含 EU ETS 覆盖的 50％ 排放量对应的行业。

5. EU ETS 免费配额

从 2026 年开始削减，逐步到 2034 年实现全部取消。2026 年取消 2.5％，2027 年取消 5％，2028 年取消 10％，2029 年取消 22.5％，2030 年取消 48.5％，2031 年取消 61％，2032 年取消 73.5％，2033 年取消 86％，2034 年取消 100％。

6. 碳豁免

CBAM 针对两种情形进行豁免：一是针对采用 EU ETS 或与 EU ETS 相挂钩的国家或地区豁免。目前包括冰岛、列支敦士登、挪威和瑞士以及 5 个欧盟海外领地获得 CBAM 豁免权，欧盟表示未来还将进一步细化其他第三国的豁免机制。二是针对进口商品在原产国已经根据其所包含的温室气体排放进行相应碳价支付，可以予以一定退税。

7. 过渡期及报告重点

2023—2025 年为 CBAM 的过渡期。在过渡期内，进口商需要向欧盟报送其进口产品的直接和间接碳排放。2024—2025 年进口商可以从以下三种方法中选择一种向欧盟报告碳排放数据：一是根据欧盟方法进行全面报告；二是根据同等效力的第三国国家方法进行报告；三是根据默认参考值进行报告。2025 年以后只允许用欧盟方法进行碳数据报告。

8. 征收依据及标准

在过渡期结束后，水泥和化肥行业的直接和间接排放以及钢铁、铝、氢和电力行业的直接排放将需要购买相应数量的 CBAM 证书。CBAM 证书价格将根据 EU ETS 碳配额的每周平均拍卖价格计算，计算公式为：（应申报的碳排放量 – EU ETS 单位产品的免费配额）× 进口量 × EU ETS 每周均价 – 原产地缴纳碳价 = CBAM 金额。如果申报人在原产国已经支付了碳价，则可以申请等额抵消。这仅适用于碳价格未退税或补偿的情况，并且需要独立认证。企业要在欧盟进口国开立碳边境调节机制账户，每年 5 月前申报货物数量、总碳排量、已购买的 CBAM 证书总量。

9. 执行机构

提议成立一个居于 27 个成员国之上的 CBAM 管理机构。

10. 收入用途

明确将 CBAM 收入纳入欧盟预算，并"计划"把全部收入全部用于对最不发达国家财政转移支付，支持低收入国家加快制造业碳减排进程。

三、部分经济体的相关做法及对 CBAM 的跟进

欧盟 CBAM 是世界上第一个生效的碳关税法案，为全球碳关税政策确定了基准。包括美国、英国、日本在内的多个西方国家已经在跟进研究或考虑出台 CBAM。征收碳关税将直接增加相关产品的进口成本，减少产品进口总量，并可能大幅减少相关行业的利润。

（一）美国

由于美国碳密集行业也需要从 2026 年开始向欧盟缴纳碳关税，这导致是否采取相应的政策措施成为美国国会的辩论焦点之一。截至 2023 年 8 月，美国没有实施全国性的碳税或碳交易市场机制，也没有实施碳关税。拜登政府任上，美国有部分议员提出了实施碳关税的构想，寻求对碳密集型商品征收碳关税，或提出设立美国国内碳定价机制，并为美国建立 CBAM 铺路。例如，在参议员 Christopher A. Coons 于 2021 年 7 月提出的《公平、负担得起、创新和弹性转型和竞争法案》（Fair, Affordable, Innovative, and Resilient（FAIR）Transition and Competition Act）中，要求财政部确定美国国内企业生产包括铝、水泥、钢铁、石油和天然气在内的各种产品所产生的"国内环境成本"，或美国环境监管负担的成本；美国财政部还将负责确认涵盖产品的"温室气体排放"范围，并基于此计算该产品进口的碳关税。在参议院 Sheldon Whitehouse 于 2022 年 6 月提出的《清洁竞争法案》（Clean Competition Act）中，提出 2024 年开始对美国环保局《温

室气体报告计划》中覆盖的行业征收每吨 55 美元的碳税，涵盖的公司要为其超过其行业平均水平的排放支付费用。主要进口商将根据原产国与美国工业排放量的差值来缴纳碳关税，美国公司将获得出口产品碳税的退税。但美国国会没有批准以上任一提案。

上述碳关税提案被否决的关键因素包含以下几点：一是国内分歧造成没有人愿意支持损害碳密集行业利益的美国国内碳定价方案；二是在美国国内碳定价措施缺位的情况下，直接提出碳边境税将明显违背世贸组织规则；三是在欧盟提出 CBAM 之前，美国率先提出了《削减通胀法案》（Inflation Reduction Act of 2022），该法案通过补贴、税收抵免的方式扶持美国绿色产业，加速推动欧盟绿色产业转移到美国，损害了欧盟产业利益。当前阶段美国并不将欧盟碳关税措施作为主要防范对象。

事实上，美国国内就碳关税问题研究已迈出了关键一步。2023 年 6 月 7 日，美国国内提出《提供可靠、客观、可核实的排放强度和透明度法案》（Providing Reliable，Objective，Verifiable Emissions Intensity and Transparency（PROVE IT）Act）。该法案将要求相关部门进行一项全面的研究，确定在美国生产钢铁、水泥、玻璃和铝等商品的平均排放强度，研究由 G7 国家、自由贸易协定伙伴、受关注的外国国家以及在全球市场占有相当大份额的国家生产的覆盖产品的平均排放强度，验证来自其他国家/地区的平均产品排放强度数据真伪，计算美国生产的产品与法案中所覆盖国家生产的产品相比的排放强度。高碳产品排放强度数据是实施碳关税的重要基础。需要强调的是，该法案只要求开展研究，并未对高碳产品征收实质性税收。

（二）英国

2023 年 12 月，英国政府在其官方网站①发布关于英国 CBAM 的相关说明。该说明指出，英国正在采取大量工业"脱碳"行动以助推净零排放的实现，但是，这些行动可能会产生"碳泄漏"问题，在目前国际社会未寻得解决这一问题的最佳机制前，英国政府就一系列能够缓解"碳泄漏"问题的措施进行磋商和讨论，其中包括 CBAM。

该报告列明了部分关于英国 CBAM 的关键问题：如实施时间拟定于 2027 年之前；责任确定取决于进口商品的温室气体排放强度、原产地的碳价与该商品在英国生产时碳价的差距等；主要针对铝、水泥、陶瓷、化肥、玻璃、氢、钢铁行业；适用的排放范围包括由生产产品的主体直接控制的排放、不受产品制造商直接控制的间接排放等；对有效碳价进行解释，明确碳价依据；明确国际碳定价；明确 CBMA 与英国排放交易计划（UK ETS）的互动关系。报告还指明，关于 CBAM 的更多细节将在 2024 年进行进一步讨论和磋商。

（三）日本

日本长期关注国际 CBAM 的发展动向，其政府围绕碳边境调节机制开展研讨会，对 CBAM 的相关要点以及对日本可能带来的影响进行探讨。

第一次研讨会在 2021 年 2 月举行，对 CBAM 的意义、与 WTO

---

① 资料来源：https：//www. gov. uk/government/consultations/addressing – carbon – leakage – risk – to – support – decarbonisation/outcome/factsheet – uk – car- bon – border – adjustment – mechanism。

制度的冲突与协调（比如碳排放计量的困难程度与 WTO 相关规定的结果、进口征税或收费与出口时退税）、碳排放计量和碳价格的评价（碳排放计量难度、数据透明度、碳足迹、不同国家之间的差异等）以及应对策略进行探讨，其中，针对日本国内应对，会议认为因国际形势多变且无法准确把握，因此，需要日本国内进行充分讨论，以应对随时发生的变化，除此之外，会议还认为，产业自身的低碳、脱碳以及节能减排是应对 CBAM 的最好对策。

随着 CBAM 的国际实践加速进行，第二次会议关注的重点转变为 CBAM 可能对日本带来的冲击及细节问题，包括日本的基本取向（鼓励国际社会通过对话等方式以促进碳排放大国及新兴经济体根据自身能力减排）以及密切关注命题（CBAM 与 WTO 规则的关系，引导制定和应用兼有精确性、可行性、可靠性的碳排放、碳价计算方法，目标产品在日本和引入 CBAM 国家产生的碳成本，加强合作解决引入 CBAM 的适当性及系统运行问题）。

总体而言，尽管日本并未正式出台 CBAM，但对 CBAM 高度关注，并不断着手研究其可能带来的影响及落实机制。目前，日本围绕 CBAM 的动向主要有两个重点：一是完善日本国内的碳定价机制，由于日本在技术和效率方面与其他新兴经济体相比具有优势，因此，其关注的核心点在于如何缩小国内碳价与 CBAM 碳价差距（包括碳价确定、减免范围）；二是加强在规则制定和技术方面与欧美等发达经济体的合作，包括在碳边境调节机制中的主导性和话语权。

（四）印度

2023 年 11 月，印度商业和工业部部长皮尤·戈亚尔表示，印度将在世贸组织反对欧盟实施 CBAM，他表示，CBAM 的实施将会对印度出口到欧盟的钢铁等商品产生重大影响。印度智库 GRTI 的研究报告表明，欧盟 CBAM 将涉及印度对欧盟出口的 700 多个税目，影响金额高达百亿美元。当前，印度政府正在探索各类可能措施，以降低 CBAM 带来的负面影响，包括健全国内碳定价体系、鼓励使用可再生能源、提高国内产能及碳相关技术的投资等。

四、碳边境调节机制对中国的影响

尽管各个正在或试图推行 CBAM 的经济体都声称是为了防止所谓的"碳泄漏"问题，并以此作为促进其他国家气候治理的重要手段，但不能忽视 CBAM 的绿色壁垒本质。对于我国而言，要明晰其影响和挑战，掌握主动权，做足应对准备，将各种负面影响降到最低。

（一）对我国相关行业、产业的影响

碳边境调节机制的直接影响是抬高我国相关商品的成本，对进口、出口以及其他相关行业产生关联效应，进而影响经济发展和贸易格局。就目前而言，仅欧盟正式推行 CBAM。欧盟 CBAM 对我国经济影响短期总体可控，但结构性和长远性影响不可忽视。现阶段，中国不仅是欧盟第一大贸易伙伴，而且还是欧洲最大的进口来源地。CBAM 涉及六大行业：钢铁、水泥、铝、化肥、电力、氢。其中，中国出口电力到欧盟为零，水泥、化肥、氢出口至欧盟占比不到 1%①。CBAM 对中国钢铁、铝产品影响

---

① 根据商务部"商务数据中心"的货物进出口分国别（地区）统计得来。

相对明显，但总体可控。不过，中国钢铁行业主要采用长流程方法生产，与欧盟采用的短流程生产方式碳排放差异巨大。根据中国钢铁工业协会数据，长流程粗钢排放量约为每吨产品 2.0 吨二氧化碳，短流程粗钢排放量约为每吨产品 0.5 吨二氧化碳。我国长流程钢铁企业可能面临显著的碳关税成本。此外，到 2030 年，欧盟还计划将 CBAM 扩展到间接排放，并进一步扩大行业范围。届时我国具备优势的石化产品、机电产品等将面临新的挑战。除此之外，如果越来越多的经济体选择推行 CBAM，不同的征收范围和标准可能会使得我国越来越多的产业和行业受到影响（比如英国 CBAM 的征收行业就与欧盟不完全相同）。

CBAM 的推行必然会使得国家和地区之间的竞合关系越发激烈，由此对国际贸易格局产生深远影响，进而对我国产业发展存在威胁。比如尽管美国并未推行 CBAM，但在其《削减通胀法案》中，只允许美国或北美自由贸易区国家产品得到补贴，将对包括中国、欧盟在内的绿色产品大国（地区）产生一定的产业虹吸效应，可能扰乱全球绿色产业合作与发展秩序。

（二）对我国碳定价和绿色税收措施构成挑战

当前是世界碳定价机制逐渐成形的关键阶段。中国作为发展中国家，主动承担应对气候变化责任，成立了全球最大的碳排放交易市场。当前中国全国碳排放市场只包含电力行业，其他区域试点市场包含部分欧盟 CBAM 所囊括的行业。欧盟推出 CBAM 措施，势必与中国碳排放交易市场形成竞争。比如，针对排放数据标准问题，欧盟 CBAM 数据报送方法和数据是由欧盟制定的，中国很难影响其决策过程。又如，针对碳交易市场地位问题，由于中国碳交易市场只包含电力，未来其他行业很可能迫于市场压力，到欧盟碳交易市场上进行交易，从而导致中国碳交易市场地位受损。

此外，中国已经针对大气污染物、水污染物、固体废物以及噪声等污染物开征环境保护税，对汽油等高碳产品实施了消费税等限制措施，这些涉碳税费政策有效巩固了中国应对气候变化目标的实现。然而以上措施并非狭义的碳定价措施，并未得到欧盟的碳价认同。未来中国绿色税收政策如何调整，以及如何在对外贸易政策中体现出明显的碳排放调整作用，仍然面临诸多挑战、值得深入探讨。

（三）对我国高碳行业数据安全的影响

欧美国家的 CBAM 实践或者类 CBAM 实践都要以准确的产业、行业数据作为前提。欧美主导下的高碳产品数据收集工作，很难保证公开、透明和有效，而且会对数据安全产生威胁。对中国高碳产品的搜集更难做到公允。除此之外，中国高碳行业碳排放数据可能涉及行业生产的敏感数据，给这些行业带来碳排放数据核查和标准制定方面的挑战。

五、中国应对碳边境调节机制的政策建议

（一）完善国内碳定价机制，实现国际碳价互认

整合全国与地方试点碳排放交易市场数据，对电力行业碳排放交易影响范围进行详细评估。梳理中国企业平均碳交易市场显性成本，争取在应对多种国际碳关税时实现互认。电力行业是制造业的核心。电力行业缴纳的碳排放权购买费用，应当在下游制

造业企业中得到体现。通过下游企业的评估，实现对其他出口产品碳排放豁免的认可。

（二）用好中国涉碳税费政策，争取 CBAM 豁免

中国在环境保护税、燃油税、资源税、企业所得税等政策方面不断深化改革，重视约束性机制与激励性机制协同作用，形成了较为完备的绿色税收体系。我国尚未开征碳税，而燃油税、汽车购置税等现有税种一定程度上发挥了对碳减排的引导和调节作用。可进一步挖掘绿色税收措施的降碳效应，对钢铁、水泥、铝等高碳产品所涉及的全产业链产品涉碳税费进行统计，研究其实现的减碳量，结合欧盟 CBAM 和国际主流研究机构的计算方法，及时公布其对应的减少温室气体排放效果，并争取欧盟 CBAM 对此进行豁免。加强碳减排政策措施的联动，做好碳定价机制内部协同，研究逐步引入碳配额有偿分配机制，从而将碳定价机制构建与产业结构调整、能源结构调整和污染物减排节奏通盘谋划。

（三）加快国内产业绿色转型，提前布局以保护国内产业链供应链安全

美国《削减通胀法案》和欧盟 CBAM 等做法显示出发达国家普遍将绿色产业视为产业竞争的焦点。中国绿色产业发展势头良好，但也面临棕色产业转型成本较高、转型时间较短、投资需求巨大等挑战，面对巨大的国际竞争压力，继续加快完善产业政策措施，为国内产业绿色转型争取时间、赢得空间。应设立预警机制，对国际上采取的碳关税措施、贸易保护措施提前预警，减少高碳行业外部压力，实现稳妥转型。识别关键绿色产业技术和关键产业节点，对国外采取的贸易壁垒措施采取合理的反制措施，用好世贸组织等多边协调机制保护我国产业利益。

（四）积极参与国际气候治理规则制定和标准体系建设，进一步加强国际气候治理规则中的影响力

要用好二十国集团、金砖国家、"10＋3"等财经领域多边对话机制，同时表明欧盟 CBAM 是要求发展中国家承担同样的减排义务，违背了《巴黎协定》"共同但有区别的责任"原则。要团结发展中国家继续敦促美欧等发达国家落实千亿美元承诺，要求部分国家正视其"补贴战"的外溢效应。加快推动与主要发达国家碳排放等方面的标准对接，深入开展碳减排政策评估方法研究。国内可尽快推广碳足迹标准化评估，加快构建国内碳排放智能监测和动态核算体系，逐步提升碳排放统计、监测和报告能力。

第六章
气候变化的全球包容性框架辨析及中国应对

随着"OECD/G20 税基侵蚀和利润转移（BEPS）包容性框架"治理架构建立及进展，国际社会对"包容性框架"解决国际议题表现出浓厚的兴趣，并尝试将其在解决国际税收问题方面的成功经验推广到气候变化领域。近年来，先后有 IMF 的全球最低碳价方案、OECD/G20 显性和隐性碳定价包容性框架以及 OECD 关于建立碳减排方法包容性论坛（IFCMA）的建议被提出。这三个方案在致力于推动应对全球气候变化问题的同时，更多强调以"包容性"争取更广泛的参与。但所谓的包容性框架偏离了联合国气候谈判（UNFCCC）的主渠道，尝试另辟蹊径构建西方社会在气候领域的话语权，我国应审慎评估框架的合理性。

一、三大全球包容性框架的提出及进展

（一）IMF 最低碳价方案

近年来，国际货币基金组织（IMF）和经济合作与发展组织（OECD）以尽快推进《巴黎协定》为由，倡导建立和推行所谓的适应于全球的碳定价策略。比如，在 2021 年 7 月举行的国际气候会议上，IMF 总裁克里斯塔利娜·格奥尔吉耶娃（Kristalina Georgieva）正式提出设置国际碳价下限的建议。具体内容为结合发展阶段和历史排放责任，提高全球主要排放大国碳价水平并实施国际碳价下限（即碳排放的最低价格）。IMF 认为，G20 成员排放占全球排放总量的 85%，应率先行动。IMF 将 G20 六大排放国分为发达经济体（美国、欧盟、加拿大、英国）、高收入新兴市场经济体（中国）和低收入新兴市场经济体（印度），对应碳价下限为每吨 75 美元、50 美元和 25 美元。英国、加拿大、欧盟等支持 IMF 建议。

（二）OECD/G20 显性和隐性碳定价包容性框架

2021 年 8 月，OECD 秘书长马蒂亚斯·科曼（Mathias Cormann）认为，虽然各国普遍认为碳定价是减少碳排放和实现全球净零排放最有效和最具成本效益的政策之一，但即使定价也通常会定价过低，无法实现必要的减排目标。虽然一些司法辖区计划提高显性碳定价，但应对气候变化的政策方案仍然千差万别，包含排放定价、清洁能源补贴、支持技术变革和监管机制等不同组合。政策方案的多样性导致难以客观地对比不同司法辖区的行动，而这却是更好、更公平地管理溢出效应的必要条件。所以，需要通过评估不同政策方法的碳价格等效性即计算"隐性碳定价"，更为严格地评估国家层面的应对气候变化政策，包括评估不同政策的雄心、实际执行情况和影响。他认为需要凭借专业手段，更加严格地评估政策的有效性与成本效益，并最终改善应对气候变化政策的国际协调。为此，他提议参考"OECD/G20 税基侵蚀和利润转移（BEPS）包容性框架"治理架构建立"OECD/G20 显性和隐性碳定价包容性框架"。

（三）碳减排方法包容性论坛（IFCMA）

1. 成立及进展

目前，进展最快、最多的当属碳减排方法包容性论坛（IF-

CMA）。根据 OECD 的介绍，碳减排方法包容性论坛是一项旨在通过更好的数据和信息共享、基于证据的相互学习和包容性的多边对话，帮助提高世界各地减排努力的全球影响的倡议。其汇集了来自世界各地不同国家的所有相关政策观点，世界各国在平等的基础上参与，以评估和考虑不同碳减排方法的有效性①。

在 2022 年 11 月印度尼西亚的 G20 会议上，经合组织秘书长向 G20 领导人提交了关于建立 IFCMA 的报告。该报告提出：到目前为止，还没有针对应对气候变化政策进行全球性的、全面的、系统的国际分析，以了解政策的有效性。启动 IFCMA 的目的是在坚持《联合国气候变化框架公约》谈判的核心地位下，促进各国之间的交流，获得系统的数据和分析，以支持更好地了解不同政策方法的综合效果，并使各国分享应对气候变化的政策经验，从而促进《巴黎协定》目标的实现。

2023 年 9 月和 10 月，OECD 分别向 G20 集团的领导人、财长和央行行长提交碳减排方法包容性论坛工作进展的报告，说明第一阶段的试点基本情况和进展。2023 年 11 月 14 日和 15 日，IFCMA 举办了第二次面对面的会议，汇集了来自 65 个国家和 6 个（国际）组织的超过 400 名代表讨论关键问题和推进 IFCMA 的技术工作来评估和考虑不同碳减排方法的有效性，并探索部门和产品碳排放强度指标的计算方法等议题。2024 年 2 月 9 日，IFCMA 发布一篇题名为《迈向更准确、及时和精细的产品级强度指标——一个关于范围的说明》的工作论文，对碳排放强度指标的研究和进展进行说明。

---

① https：//www.oecd.org/climate – change/inclusive – forum – on – carbon – mitigation – approaches/。

2. 核心要点

IFCMA 主要工作内容包括盘点各国减排政策、评估减排政策对排放的影响以及探索计算碳排放强度的方法三个部分。

（1）盘点减缓气候变化的政策

政策盘点是框架第一模块的第一内容，旨在为评估提供基础数据，这一模块的工作与气候行动框架（CAPMA）的工作高度关联。CAPMA 已经就 52 个国家 2000—2020 年的政策气候数据进行归纳和分类，包括行业、跨行业、国际等分类，市场化政策和非市场化分类等。IFCMA 在此基础上继续开展工作，本书从目标、主要产出以及方法三个方面进行梳理。

①目标

IFCMA 的一个首要工作是盘点各国气候政策并搭建一个数据库，以实现以下目标：一是盘点各国用于减排的政策以及与减排相关的政策，并将与其涉及的排放量关联起来；二是尝试通过 IFCMA 成员国标准化的详细信息以及一致的排放范围数据，以提高各国政策的透明度，促进对不同国家采用的各种气候环节手段的理解；三是为各国提供全球减排策略的参考，促使各国根据共同经验优化本国的政策；四是帮助各国确定评估和改革政策的顺序，关注政策之间可能存在的交互作用；五是提高政策的可比性以及系统、统一地搜集数据，以补充和支持在《联合国气候变化框架公约》和《巴黎协定》框架，特别是在增强透明度框架、全球盘点、缓解工作计划和其他努力下开展的工作，以此促进国际对话和合作交流。

②主要产出

从碳减排政策工具的盘点看，IFCMA 秘书处与成员国协商建立一个尽可能全面的数据库，囊括各国的政策工具以及工具的关键属性，如严格程度的衡量标准（例如，上网电价的价格奖励）、监管基础（例如，温室气体排放、化石能源消费等监管措施）、时间范围以及政策工具颁布或最后修订日期。现有的 OECD 数据库，如气候行动政策框架（CAPMF）、经合组织有效碳利率和环境政策工具（PINE）等都将在模块一中发挥重要作用。

从碳减排政策工具与碳排放相关联看，IFCMA 秘书处将开发模型用来显示各国政策工具与温室气体排放间的关系。该模型是对政策工具所涵盖碳排放量的补充，也是对政策严格程度和其他关键属性的补充。该模型能对政策工具进行更完整的描述，以增强政策的可比性。

这一产出将补充各国《巴黎协定》下增强透明度框架（ETF）所需信息。IFCMA 将基于国际标准化的政策工具分类方法，为所有 IFCMA 成员国提供关于政策工具的细化信息。此外，IFCMA 可以提供有关政策工具的排放数据。因此，IFCMA 可以帮助各国（特别是报告能力较弱的国家）根据《巴黎协定》ETF 向联合国应对气候变化框架公约组织（UNFCCC）报告。

③方法

从盘点范围看，原则上可以包括所有相关的排放和碳汇部门。实际做法是在初始阶段限制在几个部门，然后逐步扩大。部门分类主要参照 OECD – CPET 或 OECD – CAPMF 中对 IPCC 排放源部门（电力、工业、运输、建筑、农业和渔业）的部门分类方法。政策范围包括碳减排政策工具和应对气候变化的政策工具。碳减排政策工具要目标明确地促进减少排放，而与应对气候变化相关的政策可以间接引起排放变化，但不一定以减排为直接目标。

政策工具与排放关联方法方面，OECD 表示这有助于衡量政策工具能在多大程度上潜在地影响某个部门的排放。关联并不意味着评估减排效果，而是更简单地确定减排政策与哪些温室气体排放有关。然而，确定排放基础面临挑战，并非所有的国家都有细化的排放数据，而且排放数据在收集方法、部门范围、时间框架和地理方面有很大的不同。IFCMA 的技术会议对此进行讨论，并由国家试点研究提供信息。

（2）评估碳减排政策工具对排放的影响

①目标

IFCMA 尝试开发并应用标准化的方法以评估碳减排政策工具或政策组合对温室气体排放的影响，以实现以下目标：一是高质量、标准化和客观地评判政策或政策组合的减排效果。这有助于更好地了解各国减排政策及其效果，并进一步推进各国减排目标的实现。与此同时，作为《联合国气候变化框架公约》增强透明度框架下国家报告的一部分，评估结果可以帮助了解碳减排政策工具或一揽子政策对碳减排影响的估计并增强其可比性。二是政策对减排的影响是评估因减排政策带来的产品竞争力损失以及"碳泄漏"问题的关键，增强其可比性可以加深各国之间对彼此政策的相互理解，为对话提供信息。

②预计产出

探索建模方法，用于对政策减排效果进行跨国比较；应用统一方法来评估减排效果。模块二的技术假设将与模块一进行协调，以确保一致性和透明度。建模方法应建立在现有政策评估方法之上。

③方法

第一步是估计减排政策对部门层面排放的影响。缓解行动往往只涉及某些行业的排放，或规范技术和建立只与某些特定行业有关的标准和法规。由于减排行动使排放密集型技术或生产工艺与低碳替代技术相比成本更高，部门模型可以评估它们如何影响生产和技术选择，从而影响部门排放。该分析也可以涵盖适用于不同部门的政策。根据设想，模块一的减排关联工作将追溯到政策的排放基础，从而追溯到它们所适用的部门。然后，相关的部门模型可以将这些政策考虑在内。

第二步是开展国家层面减排政策效果以及对整个经济部门的影响评估。据分析，OECD 主要使用 CGE 的方法进行建模（如 OECD ENV‑Linkages 模型）。OECD 表示，评估缓解政策的减排效果主要依靠事前的分析方法（即建模）。一是从细化的部门模型即对相关经济活动进行充分分类的模型中产生和收集估计值，以在国家层面评估减排行动对目标部门（如运输、电力、住房、工业）的经济活动和技术选择的影响，以及对基线排放的相关影响。二是将这些估计值作为整个经济总体平衡模型分析的投入，评估对上游和下游市场的影响。

（3）IFCMA 的核心——计算不同层面的碳强度

由于各国的经济社会发展、碳排放以及减排政策都具有巨大区别，了解碳排放强度成为 IFCMA 能否成功运作的关键，尤其产品级碳强度指标更是如此。当前，IFCMA 近两年的攻关核心在于分析和开发碳强度指标方法，并进一步从行业、产业层面上确认计算碳强度的技术、政策挑战及解决方案。随着各国根据这些指标采取不同的缓解政策，了解计算产品碳强度指标所涉及的复杂性正变得越来越重要。

由于计算不同层面的碳排放强度是盘点减排政策及评估其与减排效果关联的前提。细致而及时的碳强度指标可以为低碳商品市场发展提供必要信息，并支持向净零过渡。此外，更好的碳强度指标可以帮助政府跟踪推动碳减排，并且可能对关键缓解政策至关重要。

IFCMA 正在筹集各方力量以探讨和开发计算碳排放强度的技

术方法，目前尚在探讨和研究阶段。2024 年 2 月，IFCMA 发表了一篇名为《迈向更准确、及时和精细的产品级强度指标——一个关于范围的说明》工作论文。该论文对计算产品级碳排放强度指标的主要方法以及计算时面临的挑战进行了说明，比如跨供应链数据的搜集和验证问题、数据可变性问题等。其中，该报告重点强调，就目前而言，部门级指标在实践上有相对成熟的测算和数据归集方法，产品级的碳排放强度指标尚未有成熟的方法体系和方案能够应用，并对这一问题进行了重点探讨。产品级的碳强度指标所提供的信息以及对政策制定的作用至关重要，然而，由于数据的限制（包括在供应链上信息共享的困难等），产品级的指标尚未能像行业或者部门级指标那样广泛使用。近年来，一些国家或地区逐步对产品级指标进行探索，但是，由于可能存在不兼容性，制定不同国家和地区的产品级碳排放强度指标标准和方法可能会对全球价值链产生破坏。IFCMA 在该报告中对产品级碳强度指标的范围和边界进行了大致说明，一是利用生命周期评估（LCA）方法来量化产品整个生命周期相关的温室气体排放；二是利用产品类别规则（PCR）用于产品说明，以辅助生命周期评估，使得报告具有可比性。除此之外，报告还对计算方法之间的衡量、验证和保证数据质量方面面临的困难以及克服共享数据困难等方面进行了说明。2024 年，IFCMA 将呈现更加细致的报告以及更加具体的设计方案。

IFCMA 正在按照其计划逐步推进，当前重点在于评估方法的探讨及试点范围的扩大。

综上所述，三个方案的一个显著性的特点就是"包容性"，试图以最小的定价起步，谋求全球参与的最大的公约数，最终目的就是以"包容性"争取更广泛的参与。

二、包容性框架的目的与影响

包容性框架的内在逻辑存在一致性，均强调碳定价是全球应对气候变化的主要手段，并试图在全球碳减排中以"碳价责任"模糊"减排责任"，将各国在碳减排量中的责任转移至提高碳价的责任上来。两个倡议的核心目的是通过设置碳价下限或包容性框架下的统一标准，将各国应对气候变化政策"显性化"，为因气候差异性政策产生的"碳泄漏"问题提供等效性评估框架，进而形成对低碳价国家的舆论和谈判压力，维护发达国家利益。其背后的目的及影响体现在如下方面。

（一）以小多边的论坛等形式来稀释国际气候治理主渠道

长期以来，OECD 作为一个事实上的世界税收规则制定组织，始终保持着制定国际税收规则的中心地位，BEPS 包容性框架更是进一步巩固了其在国际税收规则制定上的地位。尽管OECD 在应对全球气候变化和碳定价方面有着较多的研究成果，但在应对全球气候变化方面还未成为主导性的国际组织。OECD推行碳定价包容性框架和 IFCMA，也具有建立新的应对气候变化国际渠道的想法。目前，UNFCCC 是全球气候治理体系的核心平台和主渠道。UNFCCC 于 1992 年在联合国环境与发展大会上签署，1994 年 3 月正式生效，共有 197 个缔约方，是参与最广泛的国际公约之一，奠定了世界各国通过合作应对气候变化的国际制度基础。可以看到，UNFCCC 是赋予非发达国家以真正的决策权和保护发展中国家利益的应对气候变化国际主渠道。OECD 在有关 IFCMA 的定位中提出，认识到 UNFCCC 谈判的核心地位，IFCMA 的目的是建立经合组织在提供国际可比数据和统计、测量框架和基于证据的分析方面的良好记录，促进经合组织成员以外的包容性多边对话。同时，OECD 也声称，IFCMA 的功能不是制定标准或对国家进行排名，减排政策盘点的目的不是进行国际比较。IFCMA 工作还将在与其他国际机构的密切协调下进行。但结合经合组织推进 BEPS 包容性框架和"双支柱声明"的实践可以看到，在参与 IFCMA 的国家和地区数量达到一定规模后，其有可能成为在联合国应对气候变化主渠道之外的另一个国际渠道。

（二）以包容性来掩盖发达国家主导气变领域话语权的事实

OECD 曾宣称 BEPS 包容性框架及其"双支柱声明"是"有效和平衡的多边主义的重大胜利"。正是基于包容性框架在制定国际税收规则上的成功，OECD 也试图将其运用到应对气候变化领域。但随着对 BEPS 包容性框架和"双支柱声明"的进一步认识，已有相关研究对其合法性、包容性、公平性等方面提出了质疑："双支柱声明主要反映 OECD 国家的政策偏好"，"可以将双支柱共识视为美国等一些国家国内政治的产物"，"包容性框架与其说是增加这些发展中国家或低收入国家对制定规则的实际参与，不如说是仅试图以包容性的外观来展示其广泛参与性"。由于发达国家与发展中国家在应对气候变化方面所代表的利益不同，所面临的挑战和需要优先解决的问题不同，在参与 IFCMA 的主导性和能力等方面也存在差异。因此，与 BEPS 包容性框架类似，掌握话语权和处于主导地位的 OECD 成员国所建立的 IFC-MA，尽管强调非 OECD 成员国和非 G20 成员平等参与，但其包容性还只能体现在形式上，公平性也不能保证。IFCMA 在很大程度上并不是为了解决发展中国家面临的问题而设计的，也不可能仅以发展中国家的利益为重。

（三）以提高碳税水平来模糊"共同但有区别的责任"原则

OECD 的碳定价倡议强调碳定价是全球应对气候变化的主要手段，并试图在全球碳减排中以"碳价责任"模糊"减排责任"，将各国在碳减排量中的责任转移至提高碳价的责任上来。两个倡议的核心目的是通过设置碳价下限或包容性框架下的统一标准，将各国应对气候变化政策"显性化"，为因气候差异性政策产生的"碳泄漏"问题提供等效性评估框架，进而形成对低碳价国家的舆论和谈判压力，维护发达国家利益。

尽管目前 IFCMA 的工作主要体现为盘点各国政策、建立数据库、通过模型对各国减排政策进行评价等技术层面的问题，并采用试点和分步走的做法。但结合经合组织之前提出的碳定价包容性框架看，在对各国碳减排政策盘点和评价的基础上，可能会演变成"显性和隐性碳定价包容性框架"。此外，也有可能演变为类似于 IMF 提出的"全球最低碳价"倡议。如果 IFCMA 演变为碳定价包容性框架或"全球最低碳价"倡议，则同样在包容性和公平性等方面存在问题。其违背"共同但有区别的责任"原则，会导致各国在应对气候变化责任上缺乏公平性，影响各国根据国情选择碳排放政策的自主权；忽视了发展中国家难以承担高碳价这一现实情况，可能激发减排与发展之间的矛盾，造成能源贫困、企业负担过重等问题，包容性不足。

三、基于 BEPS 对包容性框架的再审视

OECD/G20 于 2016 年建立了 BEPS 包容性框架，承诺让更多非 OECD 成员国和非 G20 成员国平等参与国际税收规则的制定、审查、监督和实施，以提高国际税收规则的一致性，并确保更透明、更公平的税收环境①。2021 年 10 月 8 日，136 个包容性框架成员在包容性框架大会上达成了《关于应对经济数字化带来的税收挑战的双支柱解决方案的声明》（以下简称"双支柱声明"）。

（一）对 BEPS 包容性和公平性的质疑

BEPS 包容性框架被认为是一项新的全球税收治理网络，在此基础上形成的"双支柱声明"也被认为是一项成功的工作，被 OECD 秘书长马蒂亚斯·科曼称为"有效和平衡的多边主义的重大胜利"。可以看到，"包容性"是 BEPS 包容性框架最为强调的一点，即不限于 OECD 的发达国家，也包括其他非 OECD 国家，尤其是发展中国家，并以此来证明 OECD 所主导的国际税收规则制定的合法性和正当性。但实际上，对于 BEPS 包容性框架和"双支柱声明"，相关研究对其合法性、包容性、公平性等方面提出了质疑。

包容性框架存在着结构性合法性缺陷、程序性合法性缺陷和

---

① OECD, 2016, Background Brief: Inclusive Framework on BEPS, https://www.oecd.org/tax/beps/background‑brief‑inclusive‑framework‑for‑beps‑implementation.pdf。

结果合法性缺陷等，"尽管包容性框架扩大了国际税收决策参与者的范围，让更多新兴经济体参与其中，但其在国际税收规则制定方面始终存在合法性缺陷，导致其并不具有真正意义上的包容性和平等性"。因此，"包容性框架与其说是增加这些发展中国家或低收入国家对制定规则的实际参与，不如说是仅试图以包容性的外观来展示其广泛参与性"①（洪菡珑，2021）。

BEPS 从来就不是为了解决发展中国家面临的问题而设计的（Lennard，2016）。对于已经形成成果的"双支柱声明"也是如此，主要反映了 OECD 国家的政策偏好。相关研究指出：可以将双支柱共识视为美国等一些国家国内政治的产物。在双支柱共识形成之前，G7 和 G20 都先后表明支持态度。将应税规则（STTR）纳入支柱二主要是为了安抚包容性框架中的发展中国家成员。一些发展中国家已经认识到，STTR 对其并无益处，通过支柱一实现的税收收入可以忽略不计。对于许多发展中国家来说，支柱一的税收收入及经济影响并不显而易见，或者说只是微不足道，尤其是与数字服务税下的税收收入相比而言，更是如此。与此同时，对于支柱二在税收主权方面负面影响的担忧，则并非空穴来风②（李金艳，2022）。《双支柱框架协议》对两个关键要素（范围内企业和联结度）的修订使支柱一的立法目的悄然脱离数字经济，在美国的推动下支柱一的经济影响锐减③（朱晓丹等，2021）。

根据上述可知，OECD 所推行的包容性框架，强调非 OECD

---

① 洪菡珑. 国际税收规则制定的合法性探究——以 BEPS 包容性框架为视角［J］. 财政科学，2021（10）：107 - 119.

② 李金艳，陈新. 支柱二中的 UTPR 是否偏离了国际共识及税收协定？［J］. 国际税收，2022（08）：37 - 44.

③ 朱晓丹，曹港珊. 论《双支柱框架协议》立法目的之变动与影响［J］. 国际税收，2021（09）：43 - 50.

成员国和非 G20 成员国平等参与国际税收规则的制定等还只能体现在形式上，希望作为发达国家俱乐部的 OECD 所主导的包容性框架来主张和保障发展中国家的需求和利益，实际上难以成立。

（二）　对碳减排方法包容性论坛包容性和公平性的分析

正是基于包容性框架在制定国际税收规则上的成功，OECD 也将其运用到应对气候变化领域，即建立碳减排方法包容性论坛（IFCMA）。正如 OECD 对 IFCMA 的介绍，其同样是注重包容性，鼓励非 OECD 国家参与，目前已有 58 个成员国，后续还将继续鼓励其他国家参加。但实际上，如果将上述对 BEPS 包容性框架的分析应用于 IFCMA，会发现其同样在包容性、合法性和公平性等方面存在一定的问题。

首先，发达国家与发展中国家在应对气候变化方面所代表的利益不同。"共同但有区别的责任"原则，不仅说明不同国家在应对气候变化上的不同责任，实际上也表明了不同国家在应对气候变化上存在着不同的利益。由于利益上的差别，OECD 等发达国家难以基于发展中国家的利益和需求来考虑问题。例如，OECD 和 IMF 要求全球提高碳定价的倡议，以及欧盟实施的碳边境调整机制（CBAM），这些碳减排政策工具都是出于保障发达国家的利益。在此基础上 IFCMA 所实现的包容性，也只能是形式上的国家平等，缺乏实质性的平等保证。

其次，发达国家与发展中国家在应对气候变化方面所面临的挑战和需要优先解决的问题很可能不一样。在包容性框架下，需要考虑在发达国家及发展中国家存在差异的情况下，寻求集体解决方案。但由于各国的发展阶段不同，所采取的碳减排政策工具不同，基于对现行各国碳减排政策的盘点以及总结出的最佳政策实践，实际上难以符合各国的实际情况。主要以发达国家为例进行的碳减排政策的分析以及所形成的共识，最终也可以说是反映了发达国家的政治需求。

最后，发达国家与发展中国家在参与 IFCMA 上的主导性和公平性不同。尽管 IFCMA 考虑了非 OECD 国家的参与，如 IFCMA 联合主席中有两个来自发展中国家①。但实际上，无论是对碳减排政策的研究，还是在碳减排政策相关数据和模型方面，OECD 都已有多年的研究积累和资料，而绝大部分发展中国家不具备此方面的资源和能力，难以在论坛中为自己发声，更不用说掌握主导权。

在 IFCMA 目前还远达不到 BEPS 包容性框架的参与国家数量的情况下，可以说，IFCMA 目前还难以体现出其包容性和公平性，也在很大程度上并不是为了解决发展中国家面临的问题而设计的。

鉴于上述问题，我国需要正确认识加入 IFCMA 等国际碳定价倡议所可能带来的风险。这既涉及 IFCMA 成为国际气候治理渠道后对 UNFCCC 主渠道的稀释和干扰，也涉及对我国以"共同但有区别的责任"原则参与全球气候治理和积极稳妥推进"双碳"目标实现的影响。

四、审慎加入各类包容性框架，充分预估其影响

（一）基于实际情况，审慎考虑加入各类包容性框架

当前，IFCMA 已经开展相关工作。IFCMA 作为包容性多边对

---

① IFCMA 指导小组组成的建议已被 IFCMA 采纳，指导小组由 12 名成员组成，包括 3 名 IFCMA 联合主席（分别来自瑞士、菲律宾和智利）和 9 名其他成员，以个人身份任职，初始任期为 3 年。

话的一个平台，从我国积极参与全球规则制定并把握主动权的角度看，参与这种包容性多边对话框架具有一定的积极意义。但也需要看到，IFCMA 在涉及的国家利益等方面，与 BEPS 包容性框架和"双支柱声明"有很大的差别①，因而需要基于实际情况去分析，不能以参与 BEPS 包容性框架和积极参与国际税收规则制定方面的积极成果，来证明参与 IFCMA 的必要性。同时，考虑到 IFC-MA 的最终发展可能会突破其目前所提出的工作目标，为此，需要认识清楚我国加入 IFCMA 可能带来的风险。这既涉及提供我国碳减排政策等相关数据和认可其对国内碳减排政策评价结论后对国内应对气候变化的可能影响，也涉及 IFCMA 在未来发展壮大后形成国际气候治理主渠道所可能带来的影响。为此，应对加入 IFCMA 持谨慎态度，避免参与 IFCMA 后对主渠道可能形成的干扰。

（二）坚持全球气候治理主渠道，推动有利于发展中国家的包容性框架建立

坚持 UNFCCC 的全球气候治理主渠道，以及坚持公平、共同但有区别的责任和各自能力原则，是有效保护我国在全球气候治理中的国家利益的根本所在。也就是说，如果我国无法从碳减排政策包容性平台中获益，就没有必要助推这些包容性框架成为全球应对气候变化的另一个国际主渠道。同时，在坚持主渠道的同时，我国也应在应对气候变化领域联合发展中国家有针对性地建立相关气候议题的包容性框架或机制。例如，针对发展中国家关心的损失与损害问题设立相关论坛，敦促发达国家认真履行应对气候变化的历史责任和应尽的国际义务，尽快兑现每年 1000 亿

---

① 相关研究指出，从"双支柱声明"的内容上看，对中国的影响弊少利多或对我国总体上利大于弊。

美元的气候援助承诺。这也是我国积极参与国际气候治理的重要表现，从而进一步提升发展中国家的国际话语权，而不仅仅是参与 OECD 等代表发达国家利益的国际组织的平台或机制。

（三）加强国内在碳减排政策等气候领域的研究，提升应对能力

在应对气候变化上，我们不能寄希望于平等地参与这类包容性框架来主张发展中国家的利益，而应对其推行的碳减排政策盘点和评价方法等工作内容引起重视。从推动"双碳"目标实现的角度出发，我国自身也需要对现行碳减排政策进行全面盘点和客观评价，从而更有效地制定政策。为此，可继续作为观察员国家参与 IFCMA，密切跟踪 IFCMA 的最新进展，深入了解和学习碳减排政策的相关盘点、分析和评价方法，掌握其方法的优点和不足。同时，也有必要借鉴经合组织的做法，设立相关项目和组织相关团队开展碳减排政策方面的专门研究，做到知己知彼，有效应对。

（四）高度警惕数据搜集工作对我国数据安全的影响

无论是 IFCMA 还是欧美国家的 CBAM 实践都要以准确的产业、行业数据作为前提。尽管 IFCMA 以包容性、合作共赢、公平等作为要点，但是仍然无法摆脱其以欧美国家作为主导的现实。欧美国家主导下的数据搜集工作，很难保证公开、透明、有效，尤其是 IFCMA 所搜集数据覆盖面广，对数据颗粒度的要求高，通过数据的识别和关联，其他国家或组织能够轻易掌握我国生产状况，这甚至可能影响国家安全。因此，如何保障数据安全更成难题。为此，在与 IFCMA 开展合作和研究时，要高度警惕数据搜集工作对我国数据安全的影响，对是否加入要基于实际情况，基于收益与成本综合判断，当涉及国家安全问题时，坚决保护我国核心利益。

第七章
碳定价机制：中国实践与方案选择

中国作为世界上温室气体排放大国和第二大经济体，应对气候变化的国际社会压力逐步加大。出于大国责任要求和自身高质量发展的需要，中国向国际社会郑重承诺，将力争在 2030 年前实现碳排放达峰，努力争取在 2060 年前实现碳中和，并制定有关行动方案。未来，中国选择怎样的碳定价机制，为世界贡献中国智慧，建立碳减排的中国样本具有重要的战略意义。

一、中国应对气候变化的国家战略与碳定价机制初步建立

（一）应对气候变化的国家战略

随着全球应对气候变化的进展，中国作为世界上最大的温室气体排放大国和第二大经济体，在应对气候变化问题上也表现出负责任的大国担当。中国在 1997 年签订《京都协议书》，并从国情出发，基于自身经济社会发展需要来实施各种减缓和适应气候变化的政策。2007 年 6 月，中国发布实施了《应对气候变化国家方案》，提出 2010 年控制温室气体排放、增强适应气候变化能力的目标。2008 年 10 月发布了《中国应对气候变化的政策与行动》白皮书，其中全面介绍了中国应对气候变化的政策与努力，以及落实《应对气候变化国家方案》所取得的进展和成果。2009

年 12 月 18 日，中国政府在哥本哈根世界气候变化大会上郑重承诺：到 2020 年，单位国内生产总值二氧化碳排放比 2005 年下降40% 至 45%。

党的十八大以来，中国把应对气候变化作为推进生态文明建设、实现高质量发展的重要抓手，推动经济社会发展全面绿色转型不断取得新成效，以大国担当为全球应对气候变化做出积极贡献。中国政府于 2015 年 6 月 30 日向联合国提交了《强化应对气候变化行动——中国国家自主贡献》。在这个报告里，中国政府根据自身国情、发展阶段、可持续发展战略和国际责任，确定了到 2030 年的自主行动目标，即：二氧化碳排放在 2030 年左右达到峰值并争取尽早达峰；单位国内生产总值二氧化碳排放比 2005 年下降 60%—65%，非化石能源占一次能源消费比重达到 20%，森林蓄积量比 2005 年增加 45 亿立方米左右。中国还明确提出到 2020 年、2030 年及以后的行动路线图，为落实"贡献"目标规划了详细的政策措施和实施路径。中国此次提出的"国家自主贡献"，是向国际社会做出的新的政策宣示和行动承诺。

2020 年 9 月 22 日，国家主席习近平在第七十五届联合国大会上宣布，中国力争 2030 年前二氧化碳排放达到峰值，努力争取 2060 年前实现碳中和目标。党的二十大报告指出"积极稳妥推进碳达峰碳中和""立足我国能源资源禀赋，坚持先立后破，有计划分步骤实施碳达峰行动""深入推进能源革命，加强煤炭清洁高效利用""加快规划建设新型能源体系""积极参与应对气候变化全球治理"等。

为实现"双碳"目标，中国先后成立国家应对气候变化及节能减排工作领导小组、碳达峰碳中和工作领导小组，加强对相关工作的指导和统筹。将单位国内生产总值二氧化碳排放下降幅度作为约束性指标纳入国民经济和社会发展规划纲要，分类确定省级碳排放控制目标并对省级政府进行考核。发布《中共中央 国务院关于完整准确全面贯彻新发展理念做好碳达峰碳中和工作的意见》和《2030 年前碳达峰行动方案》，制定能源、工业、建筑、交通等重点领域和煤炭、电力、钢铁、水泥等重点行业的实施方案，完善科技、碳汇、财税、金融等保障措施，加快形成"1 + N"政策体系。具体战略目标如表 7 - 1 所示。

我国从"十一五"时期开始实行能耗强度控制，从"十三五"时期开始实施能耗总量和强度双控，目的是强化能源节约和高效利用，促进可持续发展。能耗双控推动了我国能源利用效率的大幅提高，减缓了能源消费增速，对经济转型发展发挥了积极推动作用。但也表现出一些局限性，主要是能源总量控制未能充分考虑可再生能源等非化石能源以及能源用于原料消费等情况，从而对可再生能源发展和经济发展带来一定的影响。2023 年 7 月，中央全面深化改革委员会审议通过《关于推动能耗双控逐步转向碳排放双控的意见》，对健全碳排放双控各项配套制度做出部署。中央提出从能源消耗总量和强度双控转向碳排放总量和强度双控，是立足于我国生态文明建设已进入以降碳为重点战略方向的关键时期的一种必要选择。

2023 年生态环境部发布的《中国应对气候变化的政策与行动 2023 年度报告》中指出，中国将减污降碳协同增效作为经济社会发展全面绿色转型的总抓手，落实国家自主贡献目标，应对气候变化工作取得显著成效。2022 年，中国单位国内生产总值（GDP）二氧化碳排放比 2005 年下降超过 51%。截至 2022 年底，非化石能源消费比重达到 17.5%，可再生能源总装机容量 12.13 亿千瓦。2021 年，全国森林覆盖率达到 24.02%。截至 2023 年 6 月 30 日，全国碳交易市场碳排放配额（CEA）累计成交量 2.38 亿吨，累计成交金额 109.12 亿元。

表 7－1　中国应对气候变化战略目标

时间节点	战略目标	主要目标	具体要求				
			单位国内生产总值能耗	单位国内生产总值二氧化碳排放	非化石能源消费比重	森林覆盖率	森林蓄积量
2025 年	为实现碳达峰、碳中和奠定坚实基础	绿色低碳循环发展的经济体系初步形成，重点行业能源利用效率大幅提升。	比 2020 年下降 13.5%	比 2020 年下降 18%	20% 左右	24.1%	180 亿立方米
2030 年	碳达峰	经济社会发展全面绿色转型取得显著成效，重点耗能行业能源利用效率达到国际先进水平。	大幅下降	比 2005 年下降 65% 以上	25% 左右	25% 左右	190 亿立方米
2060 年	碳中和	绿色低碳循环发展的经济体系和清洁低碳安全高效的能源体系全面建立，能源利用效率达到国际先进水平，非化石能源消费比重达到 80% 以上，碳中和目标顺利实现，生态文明建设取得丰硕成果，开创人与自然和谐共生新境界。					

143

（二）碳定价机制初步建立

一直以来，我国在碳定价机制方面不断探索和尝试，由于中国目前尚未开征独立的碳税，我国的碳定价机制的工作重点放在探索建立碳排放权交易制度方面。在 2011 年以来国内七省市试点碳排放权交易的基础上，2017 年 12 月 19 日《全国碳排放权交易市场建设方案（发电行业）》发布，2021 年 6 月正式启动全国碳交易市场。此外，我国的绿色财政支出政策，包括污染减排、节能、可再生能源和生态保护等各个方面的财政政策，也通过加大投入力度、调整支出结构、整合专项资金和提高支出效率等措施不断加以完善，并结合税收政策的改革增强了对生态环境保护的调控作用。《环境保护税法》于 2016 年 12 月 5 日在十二届全国人大常委会第二十五次会议上表决通过，并定于 2018 年 1 月 1 日起全面施行。这意味着在我国税收体系中建立了一个旨在保护生态环境的税种，在完善绿色税收体系上迈出了突破性的一步，推进了税收的绿色转型。

随着环保税的开征、碳交易市场的建设，以及绿色财政支出政策的完善，我国在有效解决污染物排放和碳排放缺乏经济调控手段问题上，有了重要进展。2024 年 2 月 26 日，国务院新闻办公室举行国务院政策例行吹风会，生态环境部副部长赵英民表示，以碳交易市场为核心的中国碳定价机制正在逐步形成，促进了全社会生产生活方式的低碳化，从而推动了绿色低碳高质量发展。

二、中国碳交易市场的发展与成效

由于尚未开征碳税，中国目前的显性碳定价机制主要就是碳交易市场。下文将从碳交易市场的发展历程及运行中存在的问题等角度来探讨中国显性碳定价的实践探索。

（一）中国碳交易市场的发展历程

中国的碳交易市场经历了从无到有再到不断完善发展的阶段，走出一条渐进式的改革路径。随着《京都议定书》于 1997 年通过并在 2005 年生效，具有强制减排目标的发达国家可以通过与发展中国家共同开展清洁发展机制（Clean Development Mechanism，CDM）项目进行自身碳排放抵消，我国作为最大的发展中国家于 2002 年与荷兰签订了第一个 CDM 项目，标志着我国开始了参与 CDM 项目的进程。2005—2012 年，我国注册 CDM 项目数量大幅增长，有学者把 2002—2011 年中国参与 CDM 项目阶段称之为中国碳排放交易的第一个阶段。下面将从政府明确开展碳排放权交易试点工作开始分析。

1. 从地区试点到全国落地

2011 年 10 月，《国家发展改革委办公厅关于开展碳排放权交易试点工作的通知》（发改办气候〔2011〕2601 号）发布，明确在北京市、天津市、上海市、重庆市、湖北省、广东省及深圳市七省市开展碳排放权交易试点，并将 2013—2015 年定为试点阶段（后福建加入试点范围，共计 8 个试点）。

中国碳交易市场走的是边试点、边推进的改革路径，随着区域性碳交易市场实践积累愈加丰富的经验，全国碳交易市场开启并不断推进。2017年12月19日，《全国碳排放权交易市场建设方案（电力行业）》发布，我国全国碳排放交易正式启动。2019年3月，生态环境部发布《碳排放权交易管理暂行条例（征求意见稿）》，全国碳交易市场的立法工作和制度建设也在积极推进。2020年12月，生态环境部发布《全国碳排放权交易管理办法（试行）》，为全国碳交易市场建设提供制度保障。2021年1月1日，全国碳交易市场正式启动。2023年10月，生态环境部印发《温室气体自愿减排交易管理办法（试行）》，我国CCER市场重启。2024年1月，《碳排放权交易管理暂行条例》发布，并在5月正式施行，该条例是我国应对气候变化领域第一部专门的法规，首次以行政法规的形式明确了碳排放权市场交易制度，具有里程碑意义。作为碳排放权交易市场的重要补充，全国温室气体自愿减排交易也于1月22日启动，通过开展核证自愿减排量交易为各行业各类市场主体的节能减碳行动提供支持，是碳交易市场的又一重要市场机制。自此，全国碳交易市场和地方碳交易市场平行运行，强制减排市场和自愿减排市场互相补充，共同构成我国的碳交易市场体系。表7－2概括了我国碳排放权交易市场发展阶段。

表7－2　　　　　　我国碳排放权交易市场发展阶段

事项	时间
发布《关于开展碳排放权交易试点工作的通知》	2011.10.29
发布《温室气体自愿减排交易管理暂行办法》	2012.06.13
七大试点相继启动并进行实质性交易	2013—2015

续表

事项	时间
发布《碳排放权交易管理暂行办法》	2014.12.10
发布24个行业温室气体排放核算方法与报告指南	2013—2015
发布《关于切实做好全国碳排放权交易市场启动重点工作的通知》，确定了全国碳交易市场行业纳入范围	2016.01.11
福建碳交易市场启动	2016
发布《全国碳排放权交易市场建设方案（电力行业）》	2017.12.19
发布《碳排放权交易管理办法（试行）》	2020.12.31
全国碳交易市场上线，与试点碳交易市场并行	2021.07.16
发布《碳排放权交易管理暂行条例》	2024.02.04

2. "1+8" 碳交易市场基本情况

中国自2011年起先后在北京、上海、天津、重庆、湖北、广东、深圳、福建建立了8个试点碳交易市场，经过近十年的实践，2021年7月16日全国碳交易市场启动上线交易，首批纳入2162家发电企业，首年覆盖排放量超45亿吨，总体呈现出一个全国碳交易市场，八个地方碳交易市场的格局（见表7-3）。

从纳入行业来看，电力、钢铁、石化等排放密集型的工业行业因其排放量大、减排潜力高、核算较为容易等特点成为各试点地区优先纳管的对象。但因各试点地区产业分布不同，其所覆盖的行业范围也各有侧重。其中，北京、上海、深圳第三产业占主导地位，其占经济总量及排放量的比重较大，因此将公共建筑、交通运输、服务业等纳入了碳排放权交易体系中。各试点碳交易市场也根据自身的独特产业发展情况，覆盖了相应的行业，例如上海作为国际港口将其特有的海运行业纳入管控范畴，天津根据地域产业特点纳入了油气开采行业，福建最早将省内特色的陶瓷行业纳入碳排放管控。

从覆盖气体看，全国碳交易市场与深圳、上海、广东、北京、天津、湖北、福建试点碳交易市场仅纳入了二氧化碳气体。重庆试点碳交易市场纳入了六种温室气体，其中包括二氧化碳（CO_2）、甲烷（CH_4）、氧化亚氮（N_2O）、六氟化硫（SF_6）、氢氟碳化物（HFCs）、全氟碳化物（PFCs）和三氟化氮（NF_3）。以上提及的前六种温室气体类型均为《京都议定书》第一承诺期规定管制的对象，三氟化氮（NF_3）是在《京都议定书》多哈修正案中新纳入的第七种温室气体。

从配额分配方式看，全国碳交易市场采取免费配额的分配方式，而各地区大多数采用以免费配额为主，其他分配方法相结合的分配方式。由于行业异质性较强，实践上，各地探索采用历史排放法、历史强度法、基准线法等不同配额分配组合所形成的模式。

表 7-3　　　　全国及试点碳交易市场的基本情况

		纳入行业	覆盖气体	配额分配方式
全国	工业：电力		CO_2	免费分配
深圳	工业：电力、天然气、供水、制造 非工业：大型公共建筑、公共交通		CO_2	免费分配 + 少量拍卖
北京	工业：电力、热力、水泥、石化其他工业 非工业：事业单位、服务业、交通运输业		CO_2	免费分配 + 少量拍卖

续表

	纳入行业	覆盖气体	配额分配方式
上海	工业：电力、钢铁、石化、化工、有色、建材、纺织、造纸、橡胶和化纤 非工业：航空、机场、水运、港口、商场、宾馆、商务办公建筑和铁路站点	CO_2	以免费分配为主，不定期拍卖
广东	电力、水泥、钢铁、石化、造纸、民航。自 2022 年度起，增加陶瓷、纺织、数据中心等新行业	CO_2	免费分配 + 少量拍卖
天津	电力、热力、钢铁、化工、石化、油气开采、造纸、航空和建筑材料	CO_2	免费分配 + 少量拍卖
湖北	电力、热力、有色金属、钢铁、化工、水泥、石化、汽车制造、玻璃、陶瓷、供水、化纤、造纸、医药、食品饮料	CO_2	免费分配 + 少量拍卖
重庆	电力、电解铝、铁合金、电石、烧碱、水泥、钢铁	CO_2、CH_4、N_2O、SF_6、$HFCs$、$PFCs$、NF_3	免费分配 + 少量拍卖
福建	电力、石化、化工、建材、钢铁、有色金属、造纸、航空和陶瓷	CO_2	免费分配 + 少量拍卖

（二）碳交易市场的运行成效

我国碳交易市场建设选择了先区域、后全国的策略。各区域针对碳交易市场的制度建设、配额分配、覆盖范围、检测报告与核查、抵消机制、碳金融等进行了大量探索，形成了基于不同经济发展程度、产业和能源结构、资源禀赋等条件下的实践方案，对我国碳交易市场建设具有重大意义。总体来看，由于各地区在经济发展、产业和能源结构、碳交易市场制度设计等方面有比较大的差异，致使成交量、成交金额以及其他市场特征都具有明显区别，实践形式和效果亦各有特色。2023年，大部分区域性碳交易市场成交量有所降低，而碳价整体呈现上涨趋势，其中，北京的碳价最高，平均成交均价达到113元/吨。各区域碳交易市场对碳减排发挥重要作用。

从全国碳排放交易市场看，截至2023年年底，经历了两年多的运行，全国性碳交易成交量达到4.4亿吨，成交额约为249亿元。相较于前两年，碳交易配额成交量和成交额分别增加324%和413%。除此之外，全国性碳交易市场已经覆盖年二氧化碳排放量约51亿吨，纳入重点排放单位2257家，成为全球覆盖温室气体排放量最大的碳交易市场。从碳价格看，整体呈现平稳上升态势，由最初的每吨48元上涨到每吨80元，2023年每日收盘价在50.52—81.67元/吨，2024年4月，碳价一度破百，达到历史最高。然而，若比较IPCC所提出的控温目标，中国实际碳价距离目标值还相差较远。

除此之外，全国碳交易市场还取得已经建立起以《碳排放权交易管理条例》为主的制度体系、建成"一网、两机构、三平台"的基础设施支撑体系、碳排放核算和管理能力明显提升、市场表现良好这四个主要成效。全国碳排放权交易市场的健康运行，有利于落实企业减碳责任、降低行业和全社会的减碳成本、碳交易市场形成碳价、探索建立符合我国实际的碳排放统计核算体系，促进"双碳"目标实现。我国在2024年重新开启了全国温室气体自愿减排交易市场，与碳排放权交易市场相互补充。目前，中国的碳交易市场是由全国碳排放权交易市场，也就是强制碳交易市场，全国温室气体自愿减排交易市场，也就是自愿碳交易市场组成，强制和自愿两个碳交易市场既各有侧重、独立运行，又互补衔接、互联互通，共同构成了全国碳交易市场体系。

（三）碳交易市场面临的主要问题和挑战

中国碳交易市场从小范围试点开始，取得了显著成效，全国碳交易市场正呈现出交易规模逐步扩大、交易价格稳中有升、市场交易日益活跃、法律体系日益完善、市场运行平稳有序等阶段性进展。但是，与欧盟碳交易市场等全球其他成熟碳交易市场以及中国试点碳交易市场相比，全国碳交易市场尚处于建设的初级阶段，面临着诸多挑战与问题。全国碳交易市场在当前阶段仍存在覆盖行业类型单一、交易产品种类单一、配额发放滞后、市场流动性不足等问题，迫切需要结合"双碳"战略目标与中国国情进一步完善全国碳交易市场制度体系，这为全国碳交易市场下一步建设提出更高要求。

1. 行业和温室气体覆盖范围较为单一，限制了碳交易市场价格发现能力

全国碳交易市场当前存在行业与温室气体覆盖范围相对狭窄的问题，这在一定程度上限制了其价格发现能力。相较于中国试点碳交易市场的多元化覆盖，包括电力、钢铁、化工等多个高排放行业，以及欧盟碳交易市场在行业与温室气体种类的持续扩展，全国碳交易市场目前仅限于发电行业及二氧化碳的排放交易，覆盖的排放量比例有限。有必要将建材、钢铁、有色金属、石化、化工、造纸和航空等行业温室气体排放量纳入全国碳交易市场。因此，对于全国碳交易市场而言，如何平衡市场建设的阶段性与战略性需求，制定出既符合实际又具有前瞻性的覆盖范围扩大计划，是当前面临的重要挑战之一。

2. 自下而上的总量设定方式不能满足未来碳中和目标要求

全国碳交易市场目前采用了"自下而上"配额设定方式，它依赖于行业基准排放强度和企业实际产量的计算来确定各企业的配额，进而汇总形成全国碳交易市场的配额总量。尽管这种方法在控制排放强度方面发挥了一定作用，但由于企业实际产量的不确定性，它难以实现对碳排放总量的有效控制。全国碳交易市场目前尚未设定对未来各阶段碳排放总量和强度下降幅度的具体、明确目标。这既无法充分展现碳交易市场在推动碳中和目标实现过程中的减排贡献，也难以有效引导企业制定和实施长期的减排计划。在当前由能耗双控向碳排放双控转变的大背景下，全国碳交易市场迫切需要结合碳排放总量和强度的控制目标，重新设计配额总量的设定机制。这不仅是完善碳交易市场体系、提升市场效率的内在要求，也是推动全社会低碳转型、实现碳中和目标的必然选择。

3. 配额分配较为宽松，有偿配额分配机制尚未落实

根据国际碳交易市场的经验，基准线法是免费配额分配方法中最公平、有效的分配方法。在中国试点碳交易市场的配额分配方法评估中，基准线法相较于历史强度法和历史排放法，在效果、效率和一致性三大原则上展现出更为显著的优势。全国碳交易市场在纳入发电行业时，直接采用了基准线法进行配额的免费分配，这一方法有效激励了低于行业基准排放强度的企业扩大生产以获取更多配额，同时对于高于基准的企业则形成了一种约束机制，迫使其在生产增加时购买更多配额，从而初步建立了"先进有收益，落后被惩罚"的市场机制。但是，当前全国碳交易市场基准线的设定相对宽松，以避免给企业带来过大的经济负担，

这也导致了配额分配的合理性和有效性有待提升。对于未来即将纳入全国碳交易市场的其他行业，其配额分配方法的设计仍处于空白状态，亟待明确和优化。

4. 碳交易市场监测、处罚能力建设存在短板

碳交易市场的有效运行依赖于准确可靠的碳排放数据，因此建立完善的测量、报告和核查（MRV）体系以确保企业碳排放数据的真实性、完整性和准确性，对于碳交易市场的规范运行至关重要。在中国碳交易市场建设的进程中，各利益相关方在碳交易市场参与能力上表现出显著的差异，特别是非试点地区的地方政府相关部门和未被试点碳交易市场覆盖的重点排放企业，在碳交易市场运作、碳排放数据管理、减排策略制定等方面缺乏必要的经验和技能，难以满足市场的实际需求。甚至因为当前我国碳交易市场的处罚力度不足，一些企业为了追求利益可能会冒险违规操作，影响了市场中其他参与者的利益，从而降低了参与碳交易市场的动力。在核查方面，当前对核查机构和人员的监管制度尚不健全，核查要求不明确，核查机构的独立性不够，进而影响了碳排放数据质量。

5. 碳交易市场与其他政策协同存在加力提效空间

随着中国的碳交易市场从试点向全国范围拓展，其与其他能源和环境政策之间的交互影响日益显著。当前，碳交易市场与用能权交易市场、电力交易市场、绿证交易市场等并非统一规划下的政策体系，而是相互独立运行，这在一定程度上导致了政策间的重叠和潜在冲突，进而影响了"双碳"政策体系的整体运行效率。为了最大限度发挥市场机制在能源资源配置和减少温室气体排放方面的作用，有必要进一步推动碳交易市场与其他政策的协

同。这包括加强政策间的沟通与协调，避免重复控制和冲突；优化电价政策，使其能够充分反映发电成本的变化，包括碳排放成本；明确绿证与碳排放权之间的转换关系，建立合理的抵扣标准和范围，以促进两个市场的有效衔接。

三、中国现行涉碳税收政策分析

税收是绿色低碳发展的重要政策工具。在中国现行税制中，与碳排放相关的税收政策分为两类：约束性税收政策和激励性税收政策。这两类政策分别从限制碳排放和鼓励低碳技术发展两个方面发挥作用。约束性税收政策，是通过征税的方式来限制化石能源使用，从而减少碳排放，例如在开采环节对原油、天然气和煤炭征收的资源税，在消费环节对小汽车征收的车辆购置税、在生产环节对成品油计征的消费税等。激励性税收政策，是通过税收优惠政策，推动低碳技术发展和可再生能源使用，以实现绿色低碳发展，如对新能源汽车免征车辆购置税、对合同能源项目的增值税减免、对节能设备投资额的企业所得税抵免等。

（一）开采和排放环节的涉碳税收政策

1. 资源税

资源税是对在中国领域和中国管辖的其他海域开发应税资源的单位和个人征收的税。该税在资源开采环节征收，通过对矿产资源进行有偿开采，旨在优化资源配置、调节资源级差收入，同时起到保护环境的作用。资源税将能源矿产、金属矿产、非金属矿产、水气矿产和盐纳入征税范围。由于原油、天然气和煤炭等化石能源燃烧是碳排放的主要来源，对化石燃料征收的资源税可以对碳排放产生约束效果。值得注意的是，资源税将全部资源列入征税范围，并未细化区分一般资源和含碳资源。

2. 环境保护税

环境保护税是在污染排放环节针对污染排放征收的一种税，其纳税人是在中国领域和中国管辖的其他海域，直接向环境排放应税污染物的企业事业单位和其他生产经营者为环境保护税的纳税人，采用"多排多征、少排少征、不排不征"的正向减排激励机制。我国的环境保护税法自2007年国务院首次提出"研究开征环境税"到2016年正式通过审议真正落地，历经九年磨砺，才得以有了这一专门为环境保护而出台的独立税法，也是我国第一部完整的绿色单行税法。《中华人民共和国环境保护税法》以法律形式确立了其计税依据、应纳税额、税收减免和征收管理等。环境保护税法针对大气污染物、水污染物、固体废物和噪声这四大类、共计117种主要污染因子进行征税；以排污费的缴纳人作为纳税人，根据每污染当量对应税额以及大气污染物和水污染物污染当量数计税，以每吨衡量固体废物，而噪声的计税单位是超标的分贝值高低。

（二）生产、购置和消费环节涉碳相关税收

1. 消费税

消费税是针对特定消费品或消费行为征收的流转税。中国的消费税通过将部分高耗能、高污染和资源性产品纳入征收范围，

可以约束商品生产和消费行为过程中的碳排放。在消费税的 15
个税目中，有 5 个税目与碳排放相关。比如，对成品油、小汽
车、摩托车等消耗含碳化石能源的产品税目，木制一次性筷子、
实木地板等消耗固碳森林资源产品的税目，以及鞭炮、烟火等燃
放过程中产生碳排放产品的税目等。

虽然消费税具有一定的节能减排功能，但由于并非对碳排放
直接征税，其碳减排效果较弱。具体从征税目的来看，消费税通
过"寓禁于征"，达到引导居民消费行为目标。从征税范围来看，
大部分"高消耗""高污染""高碳排放"的产品并没有纳入消
费税的征税范围。从征税依据看，消费税以能源消耗数量为基
础，并非对化石燃料的含碳量或碳排放量进行征收。

党的十八大以来，消费税政策经历了数次调整。党的十八届
三中全会通过的《中共中央关于全面深化改革若干重大问题的决
定》明确提出"调整消费税征收范围、环节、税率，把高耗能、
高污染产品及部分高档消费品纳入征收范围。"在这一改革路线
指导下，我国持续完善消费税制度。一是提高成品油消费税。为
了促进环境治理，财政部和国家税务总局在 45 天内连续 3 次提
高成品油消费税（见表 7-4）。第一次是 2014 年 11 月 28 日发布
《关于提高成品油消费税的通知》（财税〔2014〕94 号）。此后，
又分别于当年 12 月 12 日和次年 1 月 12 日连续两次提高成品油消
费税。二是对超豪华小汽车加征消费税。为了引导合理消费、促
进节能减排，2016 年 11 月 30 日调整完善小汽车消费税，对超豪
华小汽车加征消费税，并相应调整进口环节的消费税。财政部、
国税总局于同天发布了《关于对超豪华小汽车加征消费税有关事
项的通知》（财税〔2016〕129 号）和《关于调整小汽车进口环
节消费税的通知》（财关税〔2016〕63 号）。

表 7 - 4　　　　　　　提高成品油消费税情况

时间	政策内容	目的	文件
2014 年 11 月 28 日	一、将汽油、石脑油、溶剂油和润滑油的消费税单位税额在现行单位税额基础上提高 0.12 元/升。 二、将柴油、航空煤油和燃料油的消费税单位税额在现行单位税额基础上提高 0.14 元/升。航空煤油继续暂缓征收。 三、本通知自 2014 年 11 月 29 日起执行。	为促进环境治理和节能减排	《财政部 国家税务总局关于提高成品油消费税的通知》（财税〔2014〕94 号）
2014 年 12 月 12 日	一、将汽油、石脑油、溶剂油和润滑油的消费税单位税额由 1.12 元/升提高到 1.4 元/升。 二、将柴油、航空煤油和燃料油的消费税单位税额由 0.94 元/升提高到 1.1 元/升。航空煤油继续暂缓征收。 三、本通知自 2014 年 12 月 13 日起执行。	为促进环境治理和节能减排	《财政部 国家税务总局关于进一步提高成品油消费税的通知》（财税〔2014〕106 号）
2015 年 1 月 12 日	一、将汽油、石脑油、溶剂油和润滑油的消费税单位税额由 1.4 元/升提高到 1.52 元/升。 二、将柴油、航空煤油和燃料油的消费税单位税额由 1.1 元/升提高到 1.2 元/升。航空煤油继续暂缓征收。 三、本通知自 2015 年 1 月 13 日起执行。	为促进环境治理和节能减排	《财政部 国家税务总局关于继续提高成品油消费税的通知》（财税〔2015〕11 号）

资料来源：财政部官网。

2. 车辆购置税

在对浪费资源、污染环境的行为实施税收限制的同时，对资源节约型、环境友好型行为的税收激励力度也不断加大，如对购置新能源汽车免征车辆购置税等，较好地体现了税收在资源环境保护方面有奖有限的政策导向。

对新能源汽车免征车购税。我国自 2014 年 9 月开始对购置符合条件且纳入《免征车辆购置税的新能源汽车车型目录》管理的新能源汽车免征车辆购置税。2014 年 8 月以公告形式发布第一批《免征车辆购置税的新能源汽车车型目录》。第一期政策自 2014 年 9 月 1 日至 2017 年 12 月 31 日，覆盖"十三五"前期部分年份。"十三五"后期对购置新能源汽车免征车辆购置税的政策陆续延续了两次。并且，"十三五"时期一共公布了 32 批次的目录，并撤销了部分不符合政策要求的车型。

3. 车船税

2012 年《中华人民共和国车船税法》（以下简称《车船税法》）正式实施，这是我国首个由暂行条例上升为法律的税种。《车船税法》从法律上体现了鼓励节能减排的政策导向。按照《车船税法》规定，车船税的征税对象为机动车船，并根据乘用车的排气量设置差别税率（额），同时还对新能源汽车、公共交通车辆和节能车船给予税收优惠政策。按照《车船税法》第四条和《车船税法实施条例》第十条规定，财政部、国家税务总局以及工业和信息化部三部门细化了政策规定，对节约能源的车船减半征收车船税并对使用新能源的车船免征车船税的优惠政策。2012 年 3 月 6 日出台了《关于节约能源 使用新能源车船车船税政策的通知》（财税〔2012〕19 号），并根据政策要求公布了第

1 批和第 2 批共计两批次的《节约能源 使用新能源车辆减免车船税的车型目录》。2015 年 5 月 7 日又出台了《关于节约能源 使用新能源车船车船税优惠政策的通知》（财税〔2015〕51 号），并据此公布了第 3 批《享受车船税减免优惠的节约能源 使用新能源汽车车型目录》。2018 年 7 月 10 日出台了《关于节能新能源车船享受车船税优惠政策的通知》（财税〔2018〕74 号），并根据政策要求不定期公布了数十批次的《享受车船税减免优惠的节约能源 使用新能源汽车车型目录》。其中，2018 年公布 3 批，2019 年公布 6 批，2020 年公布 13 批，2021 年公布 11 批，鼓励节能和新能源汽车发展。

4. 增值税涉碳相关政策

增值税是对商品生产、流通、劳务服务等多个环节的新增价值征收的一种流转税。增值税的碳减排效果来源于两方面。一方面，增值税将石油液化气、煤气、天然气等含碳能源燃料和会产生温室气体排放的交通运输服务等劳务服务纳入征税范围，在一定程度上起到了减排效果。与碳排放相关的税率分为两档，对能源燃料适用 13% 税率，对交通运输服务适用 9% 税率。另一方面，增值税在资源综合利用、节能和使用新能源方面有优惠政策。从优惠类型上看，主要包括免征增值税和即征即退政策。前者如对节能服务公司合同能源管理服务免征增值税，后者如对利用风力生产的电力产品，实行增值税即征即退 50% 的政策。然而，由于增值税的征收具有普遍性，碳减排的指向性和针对性较低，相应的减排效果有限。

5. 企业所得税涉碳相关政策

企业所得税的碳减排效果主要体现在通过所得税优惠政策的

设计来实现节能节水、环境保护和资源综合利用，属于激励性的税收政策。比如，为了鼓励企业利用先进的设备来减少污染排放和节约用能用水，《中华人民共和国企业所得税法》（以下简称《企业所得税法》）第三十四条规定，企业购置用于环境保护、节能节水、安全生产等专用设备的投资额，可以按一定比例实行税额抵免。同时，对可以进行税收抵免的专用设备进行目录管理。另外，为了鼓励企业对资源进行综合循环再利用，《企业所得税法》第三十三条规定，企业综合利用资源，生产符合国家产业政策规定的产品所取得的收入，可以在计算应纳税所得额时减计收入。再比如，为了鼓励专业化的节能和治污企业的发展，国家还制定出台了鼓励第三方节能服务和污染治理的税收优惠政策。

与碳减排相关的企业所得税政策具体体现在以下三个方面。一是节能节水项目企业所得税减免。《中华人民共和国企业所得税法实施条例》规定，对从事符合条件的环境保护、节能节水项目实行"三年三减半"优惠：自项目取得第一笔生产经营收入所属纳税年度起，第一年至第三年免征企业所得税，第四年至第六年减半征收企业所得税。二是环境保护、节能节水和安全生产专用设备抵扣。根据《财政部 国家税务总局关于执行环境保护专用设备企业所得税优惠目录节能节水专用设备企业所得税优惠目录和安全生产专用设备企业所得税优惠目录有关问题的通知》（财税〔2008〕48 号），购置并实际使用列入《目录》范围内的用于环境保护、节能节水、安全生产等专用设备，可以按专用设备投资额的 10% 抵免当年企业所得税应纳税额；企业当年应纳税额不足抵免的，可以向以后年度结转，但结转期不得超过 5 个纳税年度。随着形势的不断发展，《环境保护专用设备企业所得税优惠目录（2008 年）》难以完全满足实际需要，因此，2019 年 9 月，财政部等 5 部门联合公布《关于印发节能节水和环境保护专用设备企业所得税优惠目录（2017 年版）的通知》（财税〔2017〕71 号），自 2017 年 1 月 1 日起施行，对抵免优惠政策进行了适当调整，统一按《节能节水专用设备企业所得税优惠目录（2017年版）》和《环境保护专用设备企业所得税优惠目录（2017 年版）》执行。三是节能服务公司合同能源管理项目减免。根据《国家税务总局、国家发展和改革委员会关于落实节能服务企业合同能源管理项目企业所得税优惠政策有关征收管理问题的公告》（国家税务总局、国家发展和改革委员会公告 2013 年第 77号），对符合条件的节能服务公司实施合同能源管理项目优惠：自项目取得第一笔生产经营收入所属纳税年度起，第一年至第三年免征企业所得税，第四年至第六年按照 25% 的法定税率减半征收企业所得税。

6. 关税涉碳相关政策

可能与碳减排相关的关税政策主要包括与碳减排相关的进口关税政策和与出口关税政策。前者主要是通过降低或取消能源、资源性产品以及环境友好型产品的进口关税，或者提高对环境危害较大的产品的进口关税来实现碳减排。后者主要通过征收或提高耗能、高污染和资源性（"两高一资"）产品的出口关税来减少相应产品的出口。这些关税政策主要是围绕着环境保护的目标而设计，因此重在减少环境污染，对于气候变化的考虑还不够，其碳减排的作用也相对较小。

在进口关税方面可能影响碳减排的政策，如 2017 年将原税率高于 5% 的太阳能热水器、风力发电机组等 27 项环境产品的进口关税税率降至 5%。在出口关税方面，如为了减少国内"两高一资"产品的生产出口、促进钢铁行业转型升级，中国自 2017年 1 月起对烙铁等 213 项产品征收出口关税。2021 年 7 月 29 日，

《关于进一步调整钢铁产品出口关税的公告》发布，自 2021 年 8 月 1 日起，进一步调整部分钢铁产品出口关税。调整后，烙铁、高纯生铁分别实行 40% 和 20% 的出口税率。

（三）存在的问题分析

党的十八大以来，我国促进碳减排相关税收建设取得突破性进展，其政策效果也逐渐彰显。但是，要实现"碳达峰、碳中和"的目标，现有税收政策体系尚有完善空间。具体体现在以下方面。

1. 现行政策"重减污轻降碳"，二者的协同效应尚未有效发挥

实现减污降碳协同增效是中国新发展阶段经济社会发展全面绿色转型的必然选择①。特别是在"3060"目标下，降碳是当前和今后很长时期内我国生态文明建设的重点战略方向。现行政策重降污轻减碳，协同效应尚未有效发挥。降污是从环境保护角度考虑的，而减碳是从气候变化角度考虑的。但是，环保的不一定低碳。我国目前的绿色税收政策设计主要是围绕着环保目标而设计，因此其重在减少环境污染，特别是我国目前税制中没有单独对碳排放征收的碳税，也没有某个具体税种中对碳排放设置独立税目。虽然环境保护税、资源税、消费税等也能发挥对碳减排的协同作用，但其税制设计的初衷并非针对二氧化碳的直接排放，相关税制要素及形成的税收收入难以直接与碳排放联系起来，弱化了税收的碳减排效应。

---

① 新华社：《中国应对气候变化的政策与行动》白皮书，2021 年 10 月 27 日。

2. 现行政策尚存在系统性不强的局限，各税种政策间尚需协调

现行的涉碳税收体系存在多税种散布和系统性不强等局限性。目前，我国的绿色税收体系已经集成了环保税、资源税、消费税、车船税、耕地占用税、车辆购置税，以及企业所得税、增值税和关税等诸多税种和税收优惠政策。从整体上来看已经大致覆盖了我国税制体系半数税种，特别是税收收入较大的主要税种都已包含在内。但是，这些政策却呈现出多税种散布、系统性不强、针对性较弱等局限性。不同的环节、不同的税种以及不同的税收优惠政策尚有协调完善的空间。

四、中国碳定价机制优化思路与方案选择

气候变化问题不仅仅是气候领域的相关问题，还逐步延伸到国际财经领域，成为全球性议题。不但是一个气候议题，也是一个经济议题，更是一个政治议题。因此，中国碳定价机制方案选择应结合中国应对气候变化的国家方案和实现"双碳"目标的政策实践，总结不单纯依靠碳定价的"中国模式"，推动中国碳定价机制的优化。

（一）总体思路

1. 坚持在联合国主渠道下加强气候合作

我国应始终坚持在联合国主渠道下加强气候合作，坚持《联

合国气候变化框架公约》和《巴黎协定》在全球气候治理领域的核心框架作用，遵守"共同但有区别的责任"原则。反对在G20/OECD、IMF框架下建立碳定价相关新机制，反对以应对气候变化为名实施CBAM等单边措施。坚持G20罗马峰会成果，积极倡议财金渠道应落实罗马峰会领导人共识，把动员资金和技术支持作为合作重点。

2. 做好应对国际组织倡议的政策储备

一是在磋商中不建议建立针对国别的评估机制。倡议遵循《巴黎协定》"国家自主贡献"（NDC）机制，"自下而上"由缔约方自行提出行动计划和目标，并按期、按规则透明通报NDC，同时仅对全球整体进展进行评估。二是深度参与2025年后关于气候资金新量化资金目标制度设计。倡导尽快建立督促发达国家履约尽责的约束机制，使其承诺真正落地。深度参与新资金目标磋商，持续关注出资主体新指标和定义，确保发展中大国不纳入义务出资主体。三是倡导发达国家率先垂范。倡议发达国家践行减排承诺，率先示范建立碳价下限机制，在承担历史责任的情况下，以鼓励发展中国家参与的角度形成正面反馈，而不是通过多边机制要求发展中国家同步实施。四是做好国内应对措施。着手考虑研究国际碳价连接以及国内碳定价、碳底价机制，将我国碳交易市场打造成具有国际影响力的碳定价中心。同时，在部分发达国家的碳边境调节机制不可避免的情况下，可同国际社会共同寻求发达国家对发展中国家的"税收豁免"。

3. 突出强调"自愿减排"，探索碳减排政策的"中国模式"

坚持"以我为主"，根据国情自主选择有效的碳减排政策手段，并形成具有合理约束力的碳价机制，构建起真正有助于实现自主贡献目标的碳减排政策体系。结合在应对气候变化和实现"碳达峰、碳中和"目标的政策实践，总结出一个不单纯依靠碳定价的"中国模式"：在"双轮驱动"下的"双控"制度、"双碳"标准、财税、价格、金融、土地、政府采购等多手段并举的绿色低碳政策体系，为其他发展中国家和排放大国的减排提供借鉴，提升中国在气候变化治理的话语权。

（二）完善中国碳交易市场的建议

2024 年 5 月 1 日开始实施的《碳排放权交易管理暂行条例》（以下简称《条例》）是我国应对气候变化领域第一部专门的法规，首次以行政法规的形式明确了碳排放权市场交易制度，具有里程碑意义。条例重点就明确体制机制、规范交易活动、保障数据质量、惩处违法行为等诸多方面做出了明确规定，为我国碳交易市场健康发展提供了强大的法律保障，开启了我国碳交易市场的法治新局面。

中国的碳交易市场仍处于起步阶段，与发达国家成熟的碳交易市场相比，中国碳排放权交易市场还有很多需要进一步建设和完善的地方。《条例》中就碳配额分配、市场活跃度、行业覆盖范围等方面做了具体规划，未来在这些方面还有待进一步完善。

一是逐步推行免费分配和有偿分配相结合的碳配额分配方式。适时引入有偿分配并逐步提升有偿分配比例，这样有利于控制碳排放总量，使碳价更真实地反映碳减排成本，更好地发挥市场作用，从而推动"双碳"目标实现，也提升我国碳交易市场在国际市场中的地位。

二是建立市场稳定机制。目前全国碳排放权交易市场有效的市场调控手段还不足，市场稳定机制尚不完善。《条例》将市场调节需要作为制定碳排放配额总量和分配方案的重要考虑因素，开展市场调控，平衡市场供需，防止碳价格失控等市场风险，为保障碳交易市场健康平稳有序运行提供了法律保障。

三是丰富交易主体和产品。目前全国碳排放权交易市场只是将二氧化碳一种温室气体纳入了管控，行业范围还仅仅是发电行业，虽然这个行业排放量很大。交易产品只是碳排放配额现货。《条例》规定，碳排放权交易覆盖的温室气体种类和行业范围，由国务院生态环境主管部门会同有关部门根据国家温室气体排放控制的目标研究提出，报国务院批准后实施。

（三）研究开征碳税问题

碳税作为显性碳定价的主要手段之一，通过与碳交易的协同配合，可以扩展政策调控范围并加大调控力度，从而更有效地发挥碳定价政策的作用，这也是 OECD 强调碳定价政策的优点之一。但在我国国情下，是否需要开征碳税，开征时机是否成熟，设置怎样的碳税水平，仍需进行深入研究。

1. 是否开征碳税应回答的问题

综合来看，我国开征碳税需回答好以下几个问题：碳税是否属于我国"双碳"目标实现过程中的必要手段？在我国已实施全国碳排放权交易市场并将逐步加大调控力度的前提下，是否需要碳交易与碳税两种手段并用？如何实现两者之间的协调？如何避免开征碳税和提高碳价对我国经济社会发展和能源安全等方面带来的影响？在能够有效解决上述问题的基础上，我国可根据实际情况合理决策碳税的开征时机、碳税的实现方式和制度设计等。

2. 几种可能方案

碳税是以二氧化碳排放量为征收对象的一个税种。由于二氧化碳排放量与化石燃料消耗之间的密切联系，碳税也可以表现为对化石燃料（原油、天然气、煤炭和成品油等）的间接征收。按照对二氧化碳排放征收实现方式的不同，中国碳税有以下几种可能的实施路径方案选择。

（1）方案1：改造资源税和消费税

该方案是通过对现有与化石燃料相关的税种的改革来实现碳税。基于碳排放与化石燃料之间的密切关系，可通过对化石燃料相关税种进行优化改造，以二氧化碳排放量为依据进行附加征收。我国现行税种中对化石燃料征收的相关税种主要有增值税、资源税和消费税，其中适合改造为碳税的主要是资源税和消费税。增值税虽然也对化石燃料征收，但其属于对产品和劳务普遍征收的税种，不适合改造为碳税。我国现行税制中，适合改造为碳税的税种主要是资源税和消费税。结合我国以煤炭为主的能源利用现状，需调控的主要化石燃料是煤炭和成品油。具体可在现行征收煤资源税和成品油消费税的基础上进行附加征收，并对加征部分以二氧化碳排放量为依据设定税率。

（2）方案2：在环境保护税中设置二氧化碳排放税目

该方案是通过环境保护税的扩大征收范围来实现碳税。我国现行环境保护税是对大气污染物、水污染物、固体废物和噪声的排放进行征收，可在环保税中设置专门的二氧化碳排放税目进行征收。在早期环境保护税法征求意见稿中，也曾经考虑设置了二氧化碳排放的税目。

（3）方案3：开征"碳税"税种：合并对化石燃料的征收

与上述基于现行税种的改造和扩大征收范围不同，该方案是新设立名称为"碳税"的税种。在具体方式上，是将资源税和消费税对化石燃料征收的部分，独立出来征收作为碳税。同时，资源税和消费税不再对化石燃料进行征收。

（4）方案4：开征"碳税"税种：对二氧化碳排放征收

该方案同样是新设立名称为"碳税"的税种，但其是在保留现行税种对化石燃料征收的基础上进行的征收。直接对二氧化碳排放征收的碳税，与改造煤资源税和成品油消费税在生产环节征收有所不同，是在消耗化石燃料的使用环节征收。同时，由于直接对二氧化碳排放征收的碳税涉及对纳税人二氧化碳排放量的核算问题，所以一般是以排放二氧化碳的企业或单位作为纳税人。

3. 方案的比较与选择

上述碳税的实施路径方案各具优缺点，有必要结合我国碳减排目标的实际需要以及经济社会等情况合理加以选择。

方案1的优点为：一是不需要设立新的税种，改革和立法方面的难度相对较低；二是直接对化石燃料征收，在征管上也更为简便。但缺点是：资源税在资源开采环节征收，受能源价格的限制（成品油定价和电力价格），存在着税负不能向下游传导的可能性，因而改造资源税来促进企业进行碳减排的作用减弱。成品油消费税相对于资源税而言，更适合改造为碳税，税负可以向下游直接传导，还可以对非固定碳源进行征收。

方案2的优点也是不需要设立新的税种，立法方面的难度相对较低，并能够使环境保护税名副其实。但缺点为：一是纳税人将限定为企业和相关单位，不能对个人和流动源进行征收；二是涉及对企业二氧化碳排放量的核算问题，征管上的难度较大。

方案3的优点是设立"碳税"税种，可以明确向国内外反映我国实施碳减排政策的信号，表明在实现"碳达峰、碳中和"目标上的决心。但缺点为：一是立法方面的难度相对较大；二是涉及对现行资源税和消费税税种的税制改革协调问题；三是如果维持对煤炭等化石燃料在资源开采环节征收，同样存在着税负难以向下游传导的问题。

方案 4 的优点与方案 3 相同，也是可以通过设立新税种表明在实现"碳达峰、碳中和"目标上的决心。但缺点为：如果选择与方案 2 类似，在制度设计上难以向个人和流动源进行征收，征管难度较大。

上述 4 个方案各有利弊，在具体的操作过程中，还要考虑到与中国现行碳排放交易市场的协调等问题，更多要服务于中国应对气候变化的国家方案和战略选择。

4. 综合权衡与实施策略

（1）权衡好碳减排目标与经济社会发展的关系

碳税在实现一定碳减排目标的同时，也不可避免地对宏观经济、企业和居民等方面产生影响。同时，征收碳税还可能面临来自企业和社会等方面的阻力。在国外碳税改革实践中，如日本、澳大利亚、法国等国家，不乏反对、抵制碳税的情况，并导致碳税改革延期甚至失败。

我国作为经济大国和二氧化碳排放大国，征收碳税带来的相关影响可能更大、更为复杂。我国的碳排放权交易之所以先行实施且阻力较小，很大程度上与其能够以较小的经济社会影响实现一定的碳减排目标相关。碳税对经济社会的影响程度，与一定时期的经济社会形势、化石能源的价格、碳税制度设计（如征收范围和税率水平等的选择）以及配套经济政策等多方面因素相关。因此，综合评判上述因素，权衡好实现碳减排目标与碳税的经济社会影响之间的关系，是开征碳税之前必须认真考虑的问题。

（2）实施策略

在中长期框架下，若考虑开征碳税，则需合理运用相关策略和措施，降低征收碳税带来的经济社会影响，减少来自企业和社会等方面的阻力。

首先，保持改革中的宏观税负稳定。当前正处于"后疫情时代"的经济复苏阶段，对征收碳税的主要担忧，在于其对经济增长的影响。而在开征碳税的同时发挥碳税的"双重红利效应"和税收收入中性特点，做好优化税制结构的"加减法"，保持宏观税负稳定。

其次，采用简易计税方式。如果考虑开征新的碳税税种，应尽量采用较简易的计税方式。具体在企业二氧化碳排放量的确定上采用简易的方式，直接根据化石燃料消耗量和排放系数计算排放量和应纳碳税额，这样有利于降低企业在核定碳排放量上的成本，同时相应降低税收征管成本。

再次，选择低税率起步和设置优惠政策。考虑到我国社会经济的发展阶段，为了能够对纳税人碳排放行为形成一定影响，同时不过多影响中小企业的发展，碳税应选择从较低的税率水平起步。考虑到要与碳交易市场中的碳价格相协调，碳税不可避免地需要采用低税率起步的制度设计，再动态进行调整。同时，开征碳税对不同行业的影响存在差别，对于受影响较大的化石能源密集型行业，除了在开征碳税初期的低税率设计外，还需要考虑对这些行业给予一定的减免，在激励企业改进技术和调整高排放行为的同时，不对重要行业和经济带来过大的负面影响。

最后，注重实施一揽子改革方案。实现"3060"目标，需要实施一揽子改革方案。要考虑到碳税与其他绿色财税、绿色金融等政策之间的协调配合，还包括实施各种碳减排政策的联动改革，从而将碳税与产业结构调整、能源结构调整和污染物减排紧密结合起来，形成合力，最终实现"3060"目标。

（四）完善中国涉碳税制的建议

1. 完善绿色税种，推动减污降碳协同

除碳税之外，我国现行环境保护税、消费税和资源税等绿色税种，在促进污染减排、能源资源节约的同时也起到一定的降碳作用，可通过改革和完善绿色税种推动减污降碳协同增效。主要包括：一是修订和完善环境保护税法，将挥发性有机物纳入征税范围，适时提高部分污染物的税率水平，完善相关税收优惠政策；二是深化资源税改革，适时将水资源全面纳入征税范围，适当提高现行煤炭资源税率；三是扩大消费税对高污染高排放产品的征收范围，适时调整成品油消费税税额，加大消费税调节力度。

2. 加强绿色税收政策的落实，研究制定碳减排相关税收政策

我国环境保护税、资源税、消费税、车船税、车辆购置税以及增值税、企业所得税等税种中，已制定了促进污染减排、环境保护、节能节水、资源综合利用、新能源发展等方面的税收优惠政策。下一步，可以考虑进一步加大对绿色投资的税收支持力度。其一，拓宽可享受绿色投资税收抵免的专用设备范围。在现有环境保护、节能节水、安全生产等领域的基础之上，建议参照美国、加拿大等发达国家的做法，将符合创新、绿色等新发展理念、高质量发展以及"双碳"目标的必要设备纳入抵免范围。其二，适当提高专用设备投资抵免比例。为激励设备投资、扩大有效益的投资，建议参考主要发达国家实践，提高专用设备投资税

收抵免比例。可普遍性提高我国现行 10% 的抵免比例，如 15%，也可给予鼓励发展的、特定行业的特定设备更高的抵免，如 20%。其三，丰富结转方式。可适当延长向以后年度结转的年限；参考发达国家经验，探索将允许向过去年度结转并退税、允许抵免其他税收作为当年不足抵免时的储备政策选项。

另外，还应进一步聚焦碳减排，研究并制定相关税收政策，加大对碳减排的直接政策支持。如企业参与碳捕集、利用与封存（Carbon Capture，Utilization and Storage，CCUS）项目并达到相关要求，可以享受企业所得税 "三免三减半" 的税收优惠政策，该政策目前已实施。

（五）完善其他配套措施

1. 加快构建统一规范的碳排放统计核算体系

碳排放核算是碳定价的重要基础，是做好 "碳达峰" "碳中和" 工作的重要前提。2022 年 4 月，国家发展改革委等部门印发《关于加快建立统一规范的碳排放统计核算体系实施方案》（以下简称《方案》），对碳排放统计核算体系建设提出明确要求。一是建立全国及地方碳排放统计核算制度。统一制定全国及省级地区碳排放统计核算方法，组织开展全国及各省级地区年度碳排放总量核算。二是完善行业企业碳排放核算机制。组织修订电力、钢铁、有色、建材、石化、化工、建筑等重点行业碳排放核算方法及相关国家标准，加快建立覆盖全面、算法科学的行业碳排放核算方法体系。三是建立健全重点产品碳排放核算方法。研究制定重点行业产品的原材料、半成品和成品的碳排放核算方法。四是完善国家温室气体清单编制机制。开展数据收集、报告撰写和国际审评等工作，按照履约要求编制国家温室气体清单。

为建立统一规范的碳排放统计核算体系，《方案》还部署了五方面保障措施。主要包括：夯实统计基础、建立排放因子库、应用先进技术、开展方法学研究和完善支持政策。碳排放统计核算体系构建不仅仅是企业管理、金融和会计层面上的概念，更是个复杂的系统性工程，它已经上升到国家战略安全的高度，下一步应更加注重统一性、科学性，多部门合作协同推进才能取得实效。

2. 鼓励企业开展内部碳定价

企业是市场经济的主体，鼓励企业开展内部碳定价对整个碳定价机制的建立具有重要作用。内部碳定价是碳定价机制的一种形式，可以通过赋予单位碳排放内部财务价值，帮助企业将碳排放的社会成本内部化，以揭示与碳排放相关的经济性风险和机会，有益于优化企业经营决策，助力企业实现经济增长目标和减排目标的权衡。内部碳定价为减少能源消耗，缓解气候变化提供了直接激励，且定价越高，企业减排动力越大。近年来，越来越多的企业开始实施内部碳定价机制，并初步取得了减排或增收成效。

3. 充分发挥碳抵消机制的作用

2024 年 1 月 22 日上午在北京再次启动全国温室气体自愿减排交易市场，与全国碳排放权交易市场共同构成完整的全国碳交易市场体系。在全国碳交易市场过去的两个履约周期，生态环境部均明确了允许控排企业使用核证自愿减排量（以下简称"CCER"）来抵销配额清缴的规定，即控排企业可以使用 CCER 充当配额向主管部门完成部分履约任务，额度不能超过控排企业排放量的 5%。抵消机制作为一种市场化的激励手段，为参与主体提供了灵活的履约方式。在全国碳交易市场中引入 CCER 抵销机制，关联了控排及非控排企业，扩大了全国碳交易市场的影响力。未来应充分发挥碳抵消机制作用，通过多元化的市场参与提升国内碳交易市场的活跃度，更好地发挥其碳价格信号功能以及碳成本传导功能。

术　语　表

温室气体（GHG，Greenhouse Gas）主要指对太阳短波辐射透明、对长波辐射有强烈吸收作用的 30 多种气体。主要关注的是《京都议定书》中规定的六种温室气体，包括二氧化碳（CO_2）、甲烷（CH_4）、氧化亚氮（N_2O）、氢氟碳化物（HFCs）、全氟碳化物（PFCs）、六氟化硫（SF_6）六种。

二氧化碳当量（tCO_2e）是指一种用作比较不同温室气体排放的单位，为了统一度量整体温室效应的结果，又因为二氧化碳是人类活动产生温室效应的主要气体，因此，规定以二氧化碳当量为度量温室效应的基本单位。一种气体的二氧化碳当量是通过把这一气体的吨数乘以其全球变暖潜能值（GWP）后得出的，这种方法可以将不同温室气体排放标准化。

碳排放交易系统（Emission Trading Scheme，ETS）是建立在温室气体减排量基础上将排放权作为商品流通的交易市场。

碳排放配额是指企业在碳交易市场中被允许排放的温室气体总量，通常以二氧化碳当量计算。

免费分配是指政府直接将配额发放给控排企业。

有偿分配主要包括拍卖分配和固定价格法两种，拍卖分配是指采用拍卖的方式将份额分配给企业，固定价格法是指按照固定价格的方式将配额出售给企业。

祖父法是指使用历史基线年数据分配固定数量配额，因此也被称为"历史法""历史排放法"等。

行业基准法是指以确定的行业标杆值为基准，并结合产品产量来计算企业的配额分配，也被称为"标杆法"等。

履约期是指从配额分配到重点排放单位向政府主管部门上缴配额的时间，在一个履约期内，重点排放单位需要向政府提交足够的碳排放额度以抵消它的温室气体排放。

市场稳定储备机制（Market Stability Reserve，MSR）是指应对需求侧冲击和配额过剩来稳定碳市场的机制。

监测报告核查（MRV）是监测（Monitoring）、报告（Reporting）和核查（Verification）三个单词的缩写。它是一种对碳排放的量化数据进行核查的体系，确保企业内部产生的温室气体排放数据被准确地核算并且报告，最终提供给政府、企业、国际社会还有公众来使用。

碳抵消机制是指当企业配额不足以抵消其二氧化碳排放量时，可以通过在市场上拍卖、购买配额的方式进行抵消。

双支柱：支柱一针对现行国际税收规则体系中的联结度规则和利润分配规则进行改革，将跨国企业集团剩余利润在全球进行重新分配，主要解决超大型跨国企业集团部分剩余利润在哪里缴税的问题。支柱二通过实施全球最低税，确保跨国企业集团在各个辖区承担不低于一定比例的税负，以抑制跨国企业集团逃避税行为，为各国税收竞争划定底线，主要解决大型跨国企业集团在各辖区应缴多少税的问题。支柱一与支柱二共同构成应对经济数字化国际税收挑战多边方案，协同发挥作用。比如，某跨国企业将本应归属于市场国和企业母国的利润囤积在低税辖区，支柱一的作用是将其中一部分分配给市场国，而支柱二的作用则是解决剩余部分利润税负仍然偏低的问题。

参考文献

中文：

[1] [法] 朱利恩·谢瓦利尔著，程思等译．碳市场计量经济学分析——欧盟碳排放权交易体系与清洁发展机制 [M]．大连：东北财经大学出版社，2016．

[2] 白彦锋，岳童，童健．碳税征管的理论实践与策略选择 [J]．经济理论与经济管理，2023，43（11）：17-29．

[3] 布莱恩·J. 阿诺德编．《国际税收基础》翻译组译：国际税收基础（第五版·中英双语）[M]．北京：中国税务出版社，2023．

[4] 曹晓路．"双碳"目标下我国碳税制度设计的法治机理 [J]．税务与经济，2023（06）：46-53．

[5] 常原华，李戈．碳达峰背景下多种碳税返还原则的经济影响 [J]．中国人口·资源与环境，2024（04）：36-47．

[6] 陈国进，陈凌凌，金昊等．气候转型风险与宏观经济政策调控 [J]．经济研究，2023，58（05）：60-78．

[7] 陈迎．全球气候治理：趋势与方向 [J]．人民论坛，2023（24）：35-39．

[8] 段玉婉，蔡龙飞，陈一文．全球化背景下中国碳市场的减排和福利效应 [J]．经济研究，2023，58（07）：121-138．

[9] 冯俏彬．碳定价机制：最新国际实践与我国选择 [J]．国际税收，2023（04）：3-8．

[10] 冯帅．美国碳中和政策：主要目标、实施路径及对华影响 [J]．

东北亚论坛，2024，33（01）：112－126，128.

[11] 高萍，高羽清 . 基于碳定价视角对我国开征碳税的思考 [J] . 税务研究，2023（07）：39－44.

[12] 顾向一，祁毓 . 迈向合作治理：我国碳排放权交易治理体系的重构 [J] . 江苏社会科学，2023（05）：163－172，243－244.

[13] 郝春旭，璩爱玉，龙凤等 . 国家环境经济政策进展评估报告2023 [J] . 中国环境管理，2024，16（02）：24－31.

[14] 胡鞍钢，管清友 . 中国应对全球气候变化 [M] . 北京：清华大学出版社，2010.

[15] 胡鞍钢 . 中国实现2030年前碳达峰目标及主要途径 [J] . 北京工业大学学报（社会科学版），2021，21（03）：1－15.

[16] 江清云，杨洁 . 美欧气候治理的路径差异、弥合趋势及其影响 [J] . 国际经济评论，1－22.

[17] 蒋佳妮，邵逸飞 . 国际碳排放权交易模式的更替发展与协同优化路径 [J] . 中国环境管理，2023，15（04）：26－34.

[18] 蒋力啸，于宏源 . 论全球碳定价的碎片化发展及其管控路径 [J] . 太平洋学报，2024，32（01）：31－43.

[19] 李慧明，向文洁 . 大变局下的全球气候治理与中国的战略选择——基于首次全球盘点的分析 [J] . 国际展望，2024，16（02）：85－102＋164.

[20] 李磊，卢现祥 . 中国碳市场的政策效应：综述与展望 [J] . 中国人口·资源与环境，2023，33（10）：156－164.

[21] 李书林，董战峰，龙凤 . 国际碳税政策实践发展与经验借鉴 [J] . 中国环境管理，2023，15（04）：35－43.

[22] 李昕蕾 . 美国气候治理的话语陷阱 [J] . 人民论坛，2024（04）：76－82.

[23] 李鑫，魏姗，李惠娟 . 美欧碳关税政策的发展、影响及中国应对 [J] . 中国人口·资源与环境，2023，33（05）：85－98.

[24] 李烨 . 欧盟碳边境调节机制的影响与中国因应——以"一带一

路"高质量发展为视角 [J]．国际经济法学刊，2024（02）：114 - 128.

［25］联合国开发计划署：2007/2008 人类发展报告——应对气候变化：分化中的人类团结，2008 年。

［26］联合国开发计划署：人类发展报告 2023/2024 年，2024 年。

［27］联合国气候框架公约，联合国，1992 年。

［28］刘海燕，郑爽，孙艺珈等．生态系统碳汇纳入全国温室气体自愿减排机制供需分析及管理建议 [J]．环境保护，2024，52（06）：38 - 42.

［29］刘虎．完善我国绿色税制研究 [J]．税务研究，2024（04）：48 - 56.

［30］刘华军，张一辰．减污降碳协同效应的生成逻辑、内涵阐释与实现方略 [J]．当代经济科学，1 - 14.

［31］刘尚希等．大国财政 [M]．北京：人民出版社，2016.

［32］刘尚希，程瑜，李成威等．以风险视角透视新发展阶段的企业成本特征及我们的建议——2021 年企业成本调研总报告 [J]．财政研究，2022（04）：8 - 28.

［33］刘尚希．"十四五"时期提高税收制度适配性的几点思考 [J]．税务研究，2021（05）：13 - 16.

［34］刘尚希．公共风险与经济中长期发展——分析框架、影响机制及政策选择 [J]．财经问题研究，2024（02）：28 - 37.

［35］刘尚希．公共风险论 [M]．北京：人民出版社，2018.

［36］刘胜湘，赵成．中国全球治理观的转型与全球治理变革——以文化融合为分析视角 [J]．社会主义研究，2024（02）：158 - 165.

［37］娄峰．碳税理论与政策模拟——基于动态碳税 CGE 模型 [M]．北京：中国社会科学出版社，2023.

［38］齐绍洲，禹湘．碳市场经济学 [M]．北京：中国社会科学出版社，2021.

［39］祁毓，施武玫，张洪轩．气候变化对财政系统意味着什么？——兼论气候变化财政学的构建 [J]．地方财政研究，2023（07）：4 - 14.

［40］祁毓，尹傲雪．协同推进降碳、减污、扩绿、增长的税收政策设计：理论逻辑与政策启示［J］．税务研究，2024（01）：11-16．

［41］乔晗，汪寿阳．基于博弈论和CGE模型的碳税政策研究［M］．北京：中国科学出版社，2014．

［42］秦晓阳．"我"要为气候变化负责吗？——环境伦理中的个体责任诠释［J］．吉首大学学报（社会科学版），2024，45（01）：85-92．

［43］饶立新．绿色税收理论与应用框架研究：基于"人与自然和谐相处"观的税收理论、分析与应用［M］．北京：中国税务出版社，2006．

［44］史丹，史可寒．中国绿色低碳发展的目标研判、特征事实与影响因素分析［J］．世界社会科学，2023（04）：95-120+243-244．

［45］司林波，田春元，宋兆祥．欧盟碳中和目标与行动计划述评及对我国的启示［J］．环境保护，2023，51（15）：62-68．

［46］苏明，傅志华等．中国开征碳税：理论与政策［M］．北京：中国环境科学出版社，2011．

［47］隋广军，郁清漪，唐丹玲．全球气候变化治理制度变迁的逻辑：路径、动力和效能［J］．改革，2023（07）：57-72．

［48］邢丽，陈龙．积极财政政策：中国实践的新逻辑［J］．中国社会科学，2023（02）：57-77+205-206．

［49］邢丽，陈少强，樊轶侠等．支持产业绿色低碳转型的财政政策实践及启示：基于浙江省的调研［J］．财政科学，2023（10）：5-12．

［50］邢丽，樊轶侠，李默洁．欧美碳边境调节机制的最新动态、未来挑战及中国应对［J］．国际税收，2023（09）：24-30．

［51］邢丽，樊轶侠，李默洁．隐性碳定价的概念、评估方法和展望［J］．财政科学，2022（03）：5-14．

［52］邢丽，许文，郝晓婧．国际碳定价倡议的最新进展及相关思考［J］．国际税收，2022（08）：29-36．

［53］邢丽，傅志华等．中国绿色财政报告2022［M］．北京：中国财政经济出版社，2023．

［54］邢丽．构建中国财政话语体系的关键问题及建议［J］．财政科

学，2024（02）：5-10.

［55］邢丽.深刻认识绿色财政对新质生产力的赋能作用［J］.财政研究，2024（03）：18-21.

［56］邢丽.碳税的国际协调［M］.北京：中国财政经济出版社，2010.

［57］邢源源，王雅婷，王雪源.国际贸易隐含碳研究进展［J］.经济学动态，2023（05）：141-160.

［58］熊伟，曹保磊.生态文明视域下碳税的正当性反思与立法建议［J］.税务与经济，2023（06）：1-7.

［59］徐鹏，刘礼燕.一举两得：内部碳定价机制的环境与价值双效应研究［J］.研究与发展管理，2024，36（02）：50-62.

［60］许小颖，王春辉.气候变化相关语言问题国际研究述评［J］.语言战略研究，2024，9（02）：77-88.

［61］杨向英.绿色税收国际比较与借鉴［M］.北京：经济科学出版社，2023.

［62］张宝.欧盟碳中和立法及其对我国的挑战和启示［J］.世界社会科学，2023（05）：100-117+244.

［63］张三元.话语、话语权与话语体系的思辨——兼论中国价值跨文化传播话语体系的构建［J］.江汉论坛，2023（09）：131-138.

［64］张守攻，陈幸良.碳汇与碳市场导论［M］.北京：中国科学技术出版社，2023.

［65］张希良，马爱民.中国全国碳市场总体方案与关键制度研究［M］.北京：中国市场出版社，2023.

［66］张兴祥，孙赛杰.碳排放权交易政策能否促进碳减排——基于地级市面板数据的研究［J］.南开经济研究，2024（02）：160-178.

［67］张雪纯，曹霞，宋林壕.碳排放交易制度的减污降碳效应研究——基于合成控制法的实证分析［J］.自然资源学报，2024，39（03）：712-730.

［68］张友国.中国碳治理体系现代化：历程与特征［J］.改革，

2023 (11)：128 - 143.

[69] 赵君. 碳中和目标下碳税征收公平原则研究 [M]. 北京：中国财政经济出版社，2022.

[70] 中国财科院"企业成本"调研"环保成本"专题组，邢丽，许文，赵大全等. 绿色低碳发展下的企业环保成本状况及变化趋势研究 [J]. 财政科学，2023 (12)：21 - 32.

[71] 中国财科院宏观经济形势分析报告课题组，刘尚希，石英华，王志刚等. 经济复苏态势延续，长期预期仍待改善——2021 年一季度经济运行分析及全年经济形势展望 [J]. 财政科学，2021 (04)：28 - 39.

[72] 中华人民共和国国务院新闻办公室：中国应对气候变化的政策与行动，2021 年。

[73] 周逸江. 应对气候变化的安全挑战：欧盟的议程演进与政策运作 [J]. 俄罗斯东欧中亚研究，2024 (03)：139 - 161 + 165 - 166.

外文：

[74] Bachus K, Gao P. The use of effective carbon rates as an indicator for climate mitigation policy [J]. Chapters, 2019.

[75] Carbon Border Adjustment Mechanism and Related Links [EB/OL]. https：//taxation - customs. ec. europa. eu/carbon - border - adjustment - mechanism_en.

[76] Carhart M, Litterman B, Munnings C, et al. Measuring comprehensive carbon prices of national climate policies [J]. Climate Policy, 2022, 22.

[77] Coady D, Parry I, Sears L, et al. How Large Are Global Fossil Fuel Subsidies? [J]. World Development, 2016：S0305750X16304867.

[78] Cordato R E. Welfare Economics and Externalities In An Open Ended Universe：A Modern AustrianPerspective [M]. Springer US, 1992.

[79] Dolphin G, Pollitt M G, Newbery D M. The political economy of carbon pricing：a panel analysis [J]. Oxford Economic Papers, 2020, 72.

[80] Economics V. The implicit price of carbon in the electricity sector of six major economies：final report [J]. 2010.

［81］ IFCMA. （2022）. Climate Finance Provided and Mobilised by Developed Countries in 2013—2021.

［82］ International Monitor Fund. （2019）. Fiscal Monitor: How to Mitigate Climate Change.

［83］ IPCC. （2022）. Climate Change 2022: Impacts, Adaptation, and Vulnerability. Contribution of Working Group Ⅱ to the Sixth Assessment Report of the Intergovernmental Panel on Climate Change.

［84］ IPCC. （2014）. AR5 Synthesis Report: Climate Change 2014.

［85］ IPCC. （2018） Global Warming of 1. 5℃. 2018.

［86］ IPCC. （2021）. Climate Change 2021: The Physical Science Basis.

［87］ IPCC. （2022）. Climate Change 2022: Mitigation of Climate Change. Contribution of Working Group Ⅲ to the Sixth Assessment Report of the Intergovernmental Panel on Climate Change.

［88］ IPCC. （2022）. Climate Change 2022: Impacts, Adapatation.

［89］ IPCC. （2023）. AR6 Synthese Report: Climate Change 2023.

［90］ Martin L Weitzman Prices vs. Quantities ［M］. 1974, 41: 477 - 491.

［91］ OECD. （2016）. Background Brief: Inclusive Framework on BEPS, https: //www. oecd. org/tax/beps/background - brief - inclusive - framework - for - beps - implementation. pdf.

［92］ OECD. （2018）. Effective Carbon Rates: Pricing Carbon Emissions Through Taxes and Emissions Trading.

［93］ OECD. （2021）. Climate Finance Provided and Mobilised by Developed Countries - Aggregate trends updated with 2019 data.

［94］ OECD. （2021）. Forward - looking Scenarios of Climate Finance Provided and Mobilised by Developed Countries in 2021 - 2025: Technical Note, Climate Finance and the USD 100 Billion Goal.

［95］ Pizer, William, A, et al. Alternative Metrics for Comparing Domestic Climate Change Mitigation Efforts and the Emerging International Climate Policy Architecture ［J］. Review of Environmental Economics and Policy，2016，10（1）：3 – 24.

［96］ Svante Mandell. Optimal mix of emissions taxes and capand – trade ［J］. Journal of Environmental Economics and Management，2008，56：131 – 140.

［97］ Thomas A. Weber. Carbon markets and technological innovation ［J］. Journal of Environmental Economics and Management，2005，60：115 – 132.

［98］ World Bank. （2020）. Carbon Pricing Dashboard.

［99］ World Bank. State and Trends of Carbon Pricing 2021 ［EB/OL］. https：//openknowledge. worldbank. org/handle/10986/35620.

［100］ World Bank. State and Trends of Carbon Pricing 2022 ［EB/OL. ］ https：//openknowledge. worldbank. org/entities/publication/a1abead2 – de91 – 5992 – bb7a – 73d8aaaf767f.

［101］ World Bank. State and Trends of Carbon Pricing 2023 ［EB/OL］. https：//openknowledge. worldbank. org/entities/publication/58f2a409 – 9bb7 – 4ee6 – 899d – be47835c838f.

［102］ World Bank. State and Trends of Carbon Pricing 2024 ［EB/OL］. https：//openknowledge. worldbank. org/entities/publication/b0d66765 – 299c – 4fb8 – 921f – 61f6bb979087.

后　记

　　作为一名从事财税理论与政策研究的学者，一直以来，对生态环境和气候变化领域的问题有着浓厚的兴趣，并先后对开征环境保护税、构建绿色税制体系等问题进行过广泛而深入的研究。随着气候变化问题在国际社会越来越受重视，我开始研究碳税问题，提出气候变化具有全球公共风险属性，单个国家的行动往往会存在"碳泄漏"的风险，集体行动将成为未来的选择。碳税的集体行动，不但涉及碳税的国际协调，还涉及气候变化的责任划分问题。我的博士论文《碳税的国际协调》对上述问题进行了前瞻性的研究，2010 年最终在中国财政经济出版社得以出版。现在回头看，很多观点依然适用于当下。

　　十多年后的今天，碳定价作为有效应对气候变化的手段，已经被广泛使用。近年来我在这个领域深耕不辍，形成了一些颇有价值的研究成果。本书研究对象从碳税扩展到碳定价机制，对应对全球气候变化的政策选择和国际协调问题进行了较为系统的分析，希望通过本书的出版把自己在这个领域的一些观点分享给大家，为未来从事这个领域研究的学者们提供方向和素材。

　　前期阶段性研究成果为本书的付梓出版奠定了基础，在此感谢许文研究员、樊轶侠研究员、郭晓辉博士、郝晓婧博士、李默

185

洁博士、高小萍博士给了我无私的帮助，感谢你们和我一起头脑风暴、分享智慧的努力。感谢中国财政经济出版社张晓彪编辑给予的大力支持，让本书能顺利出版，和大家见面。

感谢先生和儿子一如既往的支持，温暖同行，是我想要的最美生活的样子。

邢　丽

2024 年 6 月